计算机算法设计与分析研究

宁 博 申天资◎著

湘潭大学出版社

图书在版编目（CIP）数据

计算机算法设计与分析研究 / 宁博，申天资著．--
湘潭：湘潭大学出版社，2022.12
ISBN 978-7-5687-0973-6

Ⅰ．①计⋯ Ⅱ．①宁⋯ ②申⋯ Ⅲ．①计算机算法-
研究 Ⅳ．① TP301.6

中国版本图书馆 CIP 数据核字（2022）第 239281 号

计算机算法设计与分析研究

JISUANJI SUANFA SHEJI YU FENXI YANJIU

宁博 申天资 著

责任编辑：王亚兰　夏　露
封面设计：夏茜旸
出版发行：湘潭大学出版社
社　　址：湖南省湘潭大学工程训练大楼
电　　话：0731-58298960 0731-58298966（传真）
邮　　编：411105
网　　址：http://press.xtu.edu.cn/
印　　刷：广东虎彩云印刷有限公司
经　　销：湖南省新华书店
开　　本：710 mm×1000 mm 1/16
印　　张：15.25
字　　数：274 千字
版　　次：2022年12月第1版
印　　次：2023年1月第1次印刷
书　　号：ISBN 978-7-5687-0973-6
定　　价：58.00 元

前　言

在短短几十年的时间里,数字技术已然改变了人们的生活。如今走到哪里都能看到人们手中抓着手机,真是"抓着",而不仅是随身携带。有人甚至觉得只要有手机,最多再加上一台笔记本电脑,就能应付工作、生活和休闲的全部需要。大到从火星探测器发回图片,小到在网上点餐,多样化的计算机应用背后都有一个共同的概念:算法。如果把迅速发展的信息化社会看作"三驾马车"在奔跑,那"三匹马"就是芯片、系统和算法。而其中最让人们觉得"雾里看花"的就是算法。"App"这个词人人皆知,且能对应到一个个明确的对象,而"算法"却总有点"拗口",似乎看不见、摸不着。

作为问题求解和程序设计的重要基础,算法在计算机科学与技术专业的课程体系中是一门重要的必修课。学习算法,不但能为学习其他计算机知识奠定扎实的基础,也对培养逻辑思维和创造性有着不可替代的作用。纵观计算机学科数年来的发展历史,算法与计算复杂性理论一直是计算机科学研究的热点,也是获得图灵奖最多的研究领域之一。面对计算机应用领域的大量问题,最重要的是根据问题的性质选择正确的求解思路,即找到一个好的算法,特别是在复杂、海量的信息处理中,一个好的算法往往起着决定性的作用。

本书以算法设计与分析方法为主线,着重强调对算法设计与分析基本技术的掌握,对每一种算法设计与分析技术,通过简单的例子介绍技术的原理和要点,一些难点还会通过一系列的例子阐述使用该技术时需要注意的各个方面。本书还特别强调算法设计过程依赖于对问题的分析和对问题特征的把握,即算法设计通常从求解问题的蛮力算法开始,逐步观察和分析问题的特征并结合恰当的算法设计技术,逐渐设计出高效的算法。以算法设计实例引导读者建立从蛮力法入手,逐步分析问题特征,再利用问题特征设计算法的思维过程,让读者理解问题特征分析、基本算法和算法设计与分析之间的关系,体会从无到有、精益求精的算法设计过程,培养创新意识和研究能力。

本书旨在全面介绍计算机算法设计与分析的内容,内容实用、重点突出,便于学习;并且还收录了一些典型问题的最新研究成果。期望读者通过本课程的学习,接受算法设计基础研究的初步训练,了解算法设计的最新应用领域,培养独立开展科研工作的能力和创新意识。

本书既可作为计算机科学及相关专业的课程教材,也可供其他从事计算机研究与应用的人员参考。

目　录

第一章　计算机算法概述

第一节　算法在计算机科学中的地位

一、算法的地位

算法是计算机科学的重要主题。20世纪70年代前,计算机科学基础的主题没有被明确地认清;20世纪70年代,Knuth出版 *The Art of Computer Programming*,以算法研究为主线确立了算法为计算机科学基础的重要主题;20世纪70年代后,算法作为计算机科学核心推动了计算机科学技术的飞速发展。程序设计的目标就是要编出一套让计算机按照人的旨意进行操作的指令。算法是处理问题的策略,数据结构是问题的数学模型。

直观地说,算法是告诉你该任务应如何执行的一系列步骤。[①]比如一些生活化的例子:烹饪过程的算法是菜谱;找路的算法是导航;指导你使用洗衣机的算法是印在洗衣机上的洗衣说明文字;指挥你演奏音乐的算法是乐谱;表演魔术的算法是魔术表演手册。通常介绍算法的书会把算法与菜谱进行类比:菜谱列出将食材和调料(输入)加工成菜品(输出)的步骤;计算机算法则是将输入数据转化为输出数据的过程。在讨论计算机算法时,数据指的是将物理世界的问题抽象为模型后的数据表示。尽管大家都能理解讲算法时提到菜谱只是类比,也能体会到计算机算法对逻辑严谨性的要求与菜谱截然不同,但这样的类比仍然会给人以误导,影响我们对于计算思维的认识。

人的一生甚至整个人类的历史就是不断"解题"的过程。解题过程与人类自身解题能力的提高是互相促进的演化过程,包括对人类进化的影响。人类当前的解题能力基于世世代代的知识积累以及在这个基础上凝练出的智慧,前者常体现为有形的记录,后者常表现为无形的洞悉和参悟。这些知识与智慧和人作为生物物种之一的生理特质是密切相关的,也最适合由人运用它们去解决问

---

①姚叶. 人工智能算法可专利性研究[D]. 武汉:中南财经政法大学,2020.

题。正如工业革命促成动力装置大发展,极大地延伸了人的体力极限,计算机的出现理应延伸人的智力极限。

不过,在目前甚至可见的未来来看,计算机解题的能力并不来源于人类的智慧,尽管从某些应用表面上看似乎是这样。计算机表现出来的能力主要还是依赖极高的算力、极大的数据量,以及过去几十年来积累的丰富算法。中国计算机学会前理事长李国杰院士曾说过:"脑科学等领域的成果还不能为现在的智能计算提供任何直接的支持。"计算思维的核心就是将人的智慧和计算机的优势最大限度地结合起来,实现这一目标的途径就是算法,目前的人工智能也是依赖算法进步的。一些因效率太低或风险太高而不被看好的人工解题方法,如穷尽搜索、试错等,却可能引导人们提出非常好的计算机算法。

随着智能技术的进步,人工智能对人类的威胁逐渐成为热门话题之一。一个经常被提及的论点是:人类的学习过程很慢,机器的学习效率则提高得很快,不久后机器智能将超过人类。机器在棋类比赛中战胜世界冠军已足够让世人震惊,在以自然语言为媒介的电视问答大赛中机器也战胜了人类高手,这更让人觉得"通用、自主"的"强人工智能"带来的威胁就在眼前。

人们对于机器智能发展的顾虑显然是因为机器已经从数据处理进化到了知识处理的阶段。与机器比赛知识处理,人类似乎不是对手。人类的学习过程必须从重知识传递转向重知识驾驭能力,可是学习模式进化迟缓。虽然计算机已广泛应用于教学,且近两年线上教学也得到了广泛采用,但坦率地说,教学模式并没有根本变化,多数还只是将传统课程迁移到了网上。

几十年前,管理信息化兴起之时,人们首先是将各种管理数据和表格电子化。但很快人们就认识到,不改变管理模式不可能真正实现管理信息化。今天,对于教育人类面临同样的问题:什么样的教育模式才真正面向未来?如何使现在培养的人才不会很快被机器所替代?对计算机领域而言,积极发展智能技术,同时让学生主动探索如何利用机器智能更好地提升人类智慧,努力探索如何改进人类的学习曲线,方为面对技术发展的积极态度。当前具体着眼点应该包括充分理解计算环境的变化,以及培养学习者与时俱进的算法设计能力。

二、计算机的基本内容

(一)指令系统

1.指令、指令系统和程序

(1)指令

指令是控制计算机进行各种基本操作的命令。例如,执行加法,从存储器中取数和往存储器中存数等基本操作都是在不同指令的控制下完成的。程序员用各种高级语言编写的程序一般都要翻译成以指令形式表示的机器语言程序,计算机才能执行。机器语言就是由一系列指令组成的,每一条指令规定机器完成一定的功能。指令的功能完全由硬件或固件直接完成。

(2)指令系统

一台计算机有几十条甚至上百条不同的指令,每条指令对应一种基本操作,一台计算机所能执行的各种不同类型指令的集合即为该机的指令系统。

指令系统是提供软件设计人员编制程序的基本依据。从程序设计者角度看,指令系统是机器的主要属性,是软硬件的主要接口。它反映了计算机基本功能的强弱。

(3)程序

为完成一定处理功能的所有指令的有序集合称为程序。指令系统虽然有限,但有软件设计者精心编制程序,就可以完成无限多的任务。通常程序中的指令依次存放,机器工作时,只要知道程序中第一条指令的存放地址,就能依次取出每条指令,识别并执行。

2.指令格式

机器指令是一组二进制形式的代码,表示指令的代码称为指令码,指令码由操作码字段和地址码字段两部分组成,其中操作码部分具体说明了指令操作的性质和功能,例如加法、存数、取数、移位等。地址码部分则提供一个或几个操作数的存放地址,可以是内存地址或寄存器地址。这些码段的长度、排列和意义构成了指令的二进制代码格式,又称指令格式。

指令中操作码所占的位数(bit)反映了一台机器最多允许的指令条数。例如,操作码占7位,则机器最多允许 2^7 条指令。而地址码的位数表明能够直接访问内存的范围。例如,地址码占10位,则最多能直接访问 2^{10} 个存贮单元。

3.指令的分类

不同的计算机有不同的指令系统,各种计算机的指令系统之间可能存在很大差异。但作为一台计算机的指令系统,就其功能而言都可分为最基本的五类指令:①算术逻辑运算类指令:这类指令的算术运算一般有加法、减法、乘法、除法、移位等。逻辑运算指的是对字、字节进行逻辑操作处理,如逻辑与、逻辑或、逻辑移位等。②数据传送类指令:传送指令包括存数、取数、存贮单元之间的数据传送及寄存器之间的数据传送等指令。③程序转移类指令:该类指令可改变程序的执行顺序,包括条件转移、无条件转移、转子程序、返回、调用以及循环控制指令等。④控制类指令:包括启动、复位、清除、停机等指令。⑤输入/输出类指令:这类指令使主机与外设之间进行各种信息交换,如输入或输出数据、CPU向外设发出各种控制命令、了解外设工作状态。

(二)计算机的主要功能部件

1.中央处理器

中央处理器CPU是计算机进行数据处理的核心部分,由控制器、运算器和寄存器组三部分组成,通过内部总线相互连接,并通过外部总线(数据总线、地址总线、控制总线)同主存储器和外部设备进行数据交换。

(1)运算器

运算器是对各种信息进行加工处理的部件,它根据程序的指令功能,在控制器的控制下完成算术运算(加、减、乘除)和基本逻辑运算(逻辑与、逻辑或、逻辑非、逻辑异或)和其他运算。运算器由算术逻辑部件ALU、暂存寄存器TR、累加器AC、标志寄存器FR和存贮数据缓冲器MDR等部件组成。其中,ALU除执行上述基本的算术逻辑运算外,还具有左移和右移的功能。

(2)控制器

控制器是整个计算机的指挥中心,负责对指令进行分析、判断,发出控制信号,使计算机各部件能自动地、协调地进行工作。

不同计算机的控制器的差别可能很大,控制器的组成按其功能可分为四部分:指令控制部件、地址形成部件、时序信号产生部件、微操作控制部件。

指令控制部件:①程序计数器PC,用来存放将要执行的下一条指令的地址,控制器根据其内容从主存储器中取出即将执行的指令,每读一个单元内容,PC自动增加,形成下一条要执行的指令的地址;若遇转移指令,PC的内容由该转移指令提供。②指令寄存器IR,用来存放当前正在执行的一条指令,并将指令操作码送往指令译码器进行译码,以识别该指令的操作;而将地址码部分送到地址形成部件。③指令译码器ID,指令译码器是分析指令的部件,其主要功能是将指令的操作码转换为相应的控制电位信号。

地址形成部件:用来形成操作数有效地址或转移有效地址的部件。

时序信号产生部件:包括时钟脉冲源、时钟信号产生器等。时钟脉冲源是计算机各部件协调而准确地进行操作的同步时钟基准,产生一定频率的方波或窄脉冲信号,其频率称为计算机的主频。时序信号产生器又称为节拍信号产生器,其主要功能是按时间先后次序,周而复始地发出若干个节拍信号。

微操作控制部件:微操作是指计算机各执行部件完成的最基本的操作。指令系统中每条指令的执行都需要分解成许多微操作来执行。微操作控制部件的功能就是根据指令控制部件给出的操作控制信号(进行什么操作)和时序产生器给出的节拍信号,向运算器、存储器、I/O部件以及控制器本身发送各种微操作信号。指令系统所包括的全部微操作控制信号都是由微操作控制部件给出的。

控制器的全部功能可概括为:取指令、分析指令和执行指令。计算机之所以能有条不紊地工作,就是因为控制器不断地发出有序的微操作控制信号。

(3)寄存器组

寄存器是CPU的重要组成部分,用来暂时存放参加各种运算的数据、指令、地址以及运算的中间结果和运算结果等。

累加器AC:用来存放参与算术逻辑操作的操作数及运算结果,具有暂存数据、接收和发送数据以及左右移位和计数等功能,是CPU中使用最频繁的一种寄存器。

暂存寄存器TR:用来存放参与运算的某个操作数,TR对用户是透明的。

标志寄存器FR:用来存放运算结果的特征。一般设置以下几种标志:①零标志(Z),当运算结果为零时,Z置"1",否则清零;②符号标志(S),当运算结果为负时,S置"1",否则清零;③退出标志(V),当运算产生溢出时,V置"1";④奇偶标志(P),当运算结果有偶数个"1"时,P置1。

标志寄存器中记录的这些特征信息为CPU执行程序和控制程序的转向提供了依据。通用寄存器GPR,是一个寄存器组,由若干个寄存器组成,各寄存器的内容可以是数据(可直接参与运算),也可以是地址(可直接访问主存),GPR的特点是操作速度快、功能强、使用方便灵活,它是CPU内一个高速的小存储器,对GPR进行存取的速度要比主存储器的读写快得多。

2.存储器

存储器是计算机系统的重要部件,它不仅能存贮CPU要执行的程序和数据,而且能根据命令提供存贮的信息,计算机之所以能高速、自动地进行各种复杂的运算和处理,实现所谓"存贮过程控制"的工作方式,正是由于存储器的这一记忆功能。

(1)存储器的分类

目前计算机所用的存储器有许多类型,按其不同特点,有不同的分类方法。

第一,按存储器能否直接与CPU交换信息来区分,可分为两大类:主存储器和辅助存储器。主存储器:主存储器用来存放当前运行所需要的程序和数据,因主存储器与CPU之间有信息传递通道,所以它能快速地与CPU直接交换信息。主存储器的特点是存贮速度快、容量较小且价格较高。由于主存储器设置在主机内部,故又称为内存储器,简称"内存"。辅助存储器:辅助存储器是用来存放当前不参与运行的程序、数据和文件以及一些永久性保存的程序、数据和文件,在CPU需要处理时再成批地与主存储器交换,辅存储器与CPU没有信息传递通道,所以不能与CPU直接交换信息,它的特点是存贮容量大、价格低,但访问速度较慢。由于辅助存储器设置在主机外部,故又称为外存储器,简称"外存"。

第二,按存贮介质的材料及器件的不同区分,可分为磁介质存储器(包括磁芯、磁带及磁盘存储器等)、半导体存储器以及激光光盘存储器等。

第三,按存取方式不同,内存可分为读写存储器RAM和只读存储器ROM。RAM(随机访问存储器):其特点是存储器中每个单元的内容可随时读出和写入,且对任一存贮单元进行读写操作所需时间是一样的。RAM中的信息关机后即消失。ROM(只读存储器):这种存储器一旦存入了信息,在程序执行过程中,只能读出其中信息(不破坏原存信息),不能随意重新写入新的信息。但关机后存贮单元中信息不消失。ROM按制造工艺及写入信息的方式的不同又可分为3类:①掩膜RPM——这种ROM在生产时已由制造厂用掩膜技术将一定的程序写入其中。制造完后,用户不能修改,只能读出。②PROM——可编程ROM;PROM允许用户根据需要来编写ROM中的内容,但一经写入,就无法更改。PROM是一种一次性写入的ROM,一般用加电烧断熔丝的方法来写入程序。③EPROM——可擦可编程ROM;EPROM允许用户使用专用的EPROM写入器自行写入程序,且写入后的内容,可用紫外线灯照射来擦除,然后又重新写入新程序,EPROM可多次擦除、多次改写。

第四,辅助存储器又可分为顺序存储器SAM和直接存取存储器DAM。SAM:存储器中信息按先后顺序进行存取,读出时间与数据存放位置有关,如磁带机。DAM:如磁盘机,它的存储容量可很大,读写机构能直接指向其中一个很小的区域,在这个区域内进行顺序存取操作。

(2)主存储器的基本组成

主存储器的基本组成单位是存贮组件。一个存贮组件有两个稳定状态,可存贮一位二进制信息。所有存贮组件的集合称为存贮体,它是存储器的核心部件。存储器存取信息一般是以字为单位进行的,为了区分存贮体内不同的存贮单元,通常把每个存贮单元进行统一编号,这个号码称为存贮单元的"地址码"。不同的存贮单元有不同的地址码,它们是一一对应的。

在计算机中取数和存数称为读写操作,读表示从存储器中取出数据,写表示向存储器存入数据。当计算机要从某存贮单元读或向某存贮单元写时,首先要告诉存储器该存贮单元的地址码,然后在存储器查找该地址码对应的存贮单元,找到后才能进行数的读写。

由于程序指令和数据都是以二进制代码形式表示,为使机器不致搞错,程序和数据通常分别存放在内存的不同空间,一般程序顺序存放,而数据可集中存放也可分散存放。

(3)存储器的主要技术指标

存储器的外部特性由它的技术参数来描述。下面所述的技术参数主要针对主存储器而言,其含义适用于任何类型的存储器。

存储容量:存储容量是指存储器可以容纳的二进制信息量。主存的容量是指用地址寄存器MAR产生的地址能访问的存贮单元的数量。如N位字长的MAR能够编址最多达2^N个存储单元,比如N=16时,编址范围可在$2^{16}=64$ K(1K=1024)个存储单元。在现代计算机中,一种是主存实际装机容量大于地址空间。如16位字长的计算机,主存装机容量达到512 K以上;另一种是实际装机容量小于MAR的地址空间,如32位计算机,地址空间高达4096 M,而实际装机容量为4 M。

更准确的描述是用存储器所含记忆单元的总位数来表示存储容量,它等于地址数与存储字位数的乘积。

存贮速度:存储器的基本操作是读出与写入,常称为"访问"或"存取"。有关存储器的存贮速度有两个参数,一个是访问的时间T_A,定义为从启动一次存储器操作到完成该操作所经历的时间,另一个是存贮周期T_{MC},定义为启动两次独立的存储器操作所需间隔的最小时间。T_{MC}通常略大于T_A,其差别与主存储器的物理实现细节有关。

存储器的可靠性:存储器的可靠性用MTBF(Mean time between failures)——"平均故障间隔时间"来衡量。MTBF越长,可靠性越高,即保持工作正确的能力越强。

性能/价格比:这是一个综合性指标,性能主要包括上述三项。对不同用途的存储器有不同的要求,如对外存,要求容量极大,而对内部缓冲存储器则要求速度极快。[①]

三、计算机的特点

1.运算速度快

计算机的运算速度是指每秒内执行指令的条数,用MIPS来表示。现在计算机的运算速度一般可达每秒几亿次至几十亿次,也有运算速度超过每秒万亿次的巨型机、大型机。随着新技术的不断发展,计算机的运算速度还在不断提高。

2.计算精度高

精度高是计算机又一显著的特点。在计算机内部数据采用二进制表示,二进制位数越多表示数的精度就越高。目前,计算机的计算精度已经达到几十位有效数字。从理论上说,随着计算机技术的不断发展,计算精度可以提高到任意精度。

3.准确的逻辑判断能力

计算机的运算器除了能够进行算术运算,还能够对数据信息进行比较、判断等逻辑运算。这种逻辑判断能力是计算机处理逻辑推理问题的前提,也是计算机能实现信息处理高度智能化的重要因素。

4.强大的存储能力

计算机的存储器可以存储大量数据,这使计算机具有了"记忆"功能。计算机存储容量的基本单位是字节,用Byte(简写为B)表示,1B由8位二进制数组

---

①鲍鹏.计算机基础[M].重庆:重庆大学出版社,2018.

成,1 KB=1024(即 2^{10})B,1 MB=1024 KB,1 GB=1024 MB,1 TB=1024 GB。目前,计算机的存储容量越来越大,已高达GB(吉字节)和TB(太字节)数量级。

5.自动控制

计算机的工作原理是"存储过程控制",就是将程序和数据通过输入设备输入并保存在存储器中,计算机执行程序时按照程序中指令的逻辑顺序自动地、连续地把指令依次取出来并执行,这样执行程序的过程无须人为干预,完全由计算机自动控制执行。

四、计算机的应用领域

1.科学计算

科学计算又称数值计算,是指利用计算机来完成科学研究和工程技术中提出的数值计算问题。在现代科学技术工作中,科学计算的任务是大量的和复杂的。利用计算机的运算速度高、存储容量大和连续运算的能力,可以解决人工无法完成的各种科学计算问题。例如,工程设计、地震预测、气象预报、火箭发射等都需要由计算机承担庞大而复杂的计算量。

2.数据处理

数据处理又称信息处理,是指利用计算机对大量信息进行存储、加工、分类、统计、查询及制成报表等的加工过程。信息处理是计算机应用的一个重要方面,涉及的范围和内容十分广泛。例如,档案管理、图书检索、财务管理、生产管理、编辑排版、情报检索、银行业务管理等。

3.过程控制

过程控制又称实时控制,是指利用计算机对生产过程、制造过程或者运行过程进行实时检测与控制,即通过实时采集数据、分析数据,按最优值迅速地对控制对象进行自动调节或自动控制。

采用计算机进行过程控制,不仅可以大大提高控制的自动化水平,而且可以提高控制的时效性和准确性,从而改善劳动条件、提高产品的产量和质量。因此,计算机过程控制已在机械、冶金、石油、化工、电力等领域得到广泛应用;在国防及航空航天领域的应用也非常重要,如导弹发射与拦截、无人机、飞船、卫星发射等都需要计算机进行实时控制。

4.计算机辅助技术

（1）计算机辅助设计

计算机辅助设计是综合利用计算机的工程计算、逻辑判断、数据处理功能以及人的判断能力，形成一个专门的系统，用来进行各种图形设计和图形绘制，对所设计的部件、构件或系统进行综合分析与模拟仿真实验，以实现最佳设计效果的一种技术。CAD技术已应用于飞机设计、船舶设计、建筑设计、机械设计、大规模集成电路设计等。采用计算机辅助设计，可缩短设计时间，提高工作效率，节省人力、物力和财力，更重要的是提高了工作效率和设计质量。

（2）计算机辅助制造

计算机辅助制造是利用计算机系统进行产品加工的控制过程，输入的信息是零件的工艺路线和工程内容，输出的信息是刀具的运动轨迹。将CAD和CAM技术集成，可以实现设计产品生产的自动化，这种技术被称为计算机集成制造系统。有些国家已把CAD和计算机辅助制造、计算机辅助测试及计算机辅助工程组成一个集成系统，使设计、制造、测试和管理有机地组成一体，形成高度的自动化系统。

（3）计算机辅助教学

计算机辅助教学是利用计算机模拟教师的教学行为进行授课，学生通过计算机教学软件进行学习并自测学习效果。CAI是一个图、文、声、像俱全的多媒体系统，不仅能减轻教师的负担，还能使教学内容生动、形象逼真，能够动态演示实验原理或操作过程，激发学生的学习兴趣。

5.电子商务

电子商务是利用计算机技术和网络通信技术进行的商务活动，主要是指在互联网、企业内部网和增值网上以电子交易方式进行交易活动和相关服务的活动，如网上商品交易、金融汇兑、网络广告等商业活动。

6.多媒体应用

多媒体是文本、图形、图像、音频、视频、动画等多种信息的综合。多媒体技术是指人和计算机交互地进行上述多种媒体信息捕捉、传输、转换、编辑、存储、管理，并由计算机综合处理为表格、文字、图形、动画、音频、视频等视听信息有机结合的表现形式。

7.人工智能

人工智能是用计算机模拟人类的某些智力活动。如模拟人脑学习、推理、判断、理解、问题求解等过程,帮助人类做出决策。主要研究内容及应用领域包括:自然语言翻译、专家系统、机器人以及模式识别等。

8.嵌入式系统

嵌入式系统是一种完全嵌入受控对象内部,为特定应用而设计的专用计算机系统。它是计算机应用最普及的领域,也是种类繁多、形态多种多样的计算机系统。嵌入式系统几乎包括了生活中的所有电气设备,如电视机顶盒、手机、数字电视、电冰箱、洗衣机、微波炉、数码照相机、智能家居系统、安防系统、自动售货机、工业自动化仪表与医疗仪器等。

第二节　算法的概念

一、算法的基本概念

著名的计算机科学家、图灵奖获得者N.Wirth教授出版的《数据结构+算法=程序》一书指出,程序是由数据结构和算法组成的,程序设计的本质是对要处理的问题选择好的数据结构,同时在此结构上施加一种好的算法。对于一个程序来说,数据是"原料",因为一个程序所要进行的计算或处理总是以某些数据为对象的。将松散、无组织的数据按某种要求组成一种数据结构,对于设计一个简明、高效、可靠的程序是大有益处的。

对求解一个问题而言,算法是解题的方法。没有算法,程序就成了无本之木,无源之水。算法在程序设计、软件开发甚至在整个计算机科学中的地位都是极其重要的。

(一)学习算法的意义

1.算法设计是程序设计的核心

一般来说,对程序设计的研究可以分为四个层次:算法、方法学、语言和工具,其中算法研究位于最高层次。算法对程序设计的指导可以延续几年甚至几十年,它不依赖于方法学、语言和工具的发展与变化。例如,用于数据存储和检索的 Hash 算法产生于 20 世纪 50 年代,用于排序的快速排序算法发明于 20 世纪 60 年代,但它们至今仍被人们广为使用,可是程序设计方法已经从结构化发展到面向对象,程序设计语言也变化了几代,至于编程工具很难维持三年不变。所以,对于从事计算机专业的人士来说,学习算法是非常必要的。

2.学习算法还能够提高人们分析问题的能力

算法可以看作是解决问题的一类特殊方法,它不是问题的答案,而是经过精确定义的、用来获得答案的求解过程。因此,无论是否涉及计算机,特定的算法设计技术都可以看作是问题求解的有效策略。著名的计算机科学家克努特(Donald Knuth)是这样论述这个问题的:受过良好训练的计算机科学家知道如何处理算法,如何构造算法、操作算法、理解算法以及分析算法,这些知识远不只是为了编写良好的计算机程序而准备的。算法是一种一般性的智能工具,有助于我们对其他学科的理解,不管是化学、语言学、音乐还是另外的学科。为什么算法会有这种作用呢? 我们可以这样理解:人们常说,一个人只有把知识教给别人,才能真正掌握它。同理,一个人只有把知识教给计算机,才能真正掌握它。也就是说,将知识表述为一种算法比起简单地按照常规去理解事物,用算法将其形式化会使我们获得更加深刻的理解。

算法研究的核心问题是时间(速度)问题。人们可能有这样的疑问:既然计算机硬件技术的发展使得计算机的性能不断提高,算法的研究还有必要吗? 计算机的功能越强大,人们就越想去尝试更复杂的问题,而更复杂的问题需要更大的计算量。现代计算技术在计算能力和存储容量上的革命仅仅提供了计算更复杂问题的有效工具,无论硬件性能如何提高,算法研究始终是推动计算机技术发展的关键。下面看几个例子。

第一,检索技术。20 世纪 50 ~ 60 年代,检索的对象是规模比较小的数据集合。例如,编译系统中的符号表,表中的记录个数一般在几十至数百这样的数量级。20 世纪 70 ~ 80 年代,数据管理采用数据库技术,数据库的规模在 K 级或 M 级,检索算法的研究在这个时期取得了巨大的进展。20 世纪 90 年代以来,Internet 引起计算机应用的急速发展,海量数据的处理技术成为研究的热点,而且数据驻留的存储介质、数据的存储方法以及数据的传输技术也发生了许多变化,这些变化使得检索算法的研究更为复杂,也更为重要。

近年来,智能检索技术成为基于 Web 信息检索的研究热点。使用搜索引擎进行 Web 信息检索时,经常看到一些搜索引擎前 50 个搜索结果中几乎有一半来自同一个站点的不同页面,这是检索系统缺乏智能化的一种表现。另外,在传统的 Web 信息检索服务中,信息的传输是按 pull 的模式进行的,即用户找信息。而采用 push 的方式,是信息找用户,用户不必进行任何信息检索,就能方便地获得自己感兴趣的信息,这就是智能信息推送技术。这些新技术的每一项重要进步都与算法研究的突破有关。

第二,压缩与解压缩。随着多媒体技术的发展,计算机的处理对象由原来的字符发展到图像、图形、音频、视频等多媒体数字化信息,这些信息数字化后,其特点就是数据量非常庞大,同时,处理多媒体所需的高速传输速度也是计算机总线所不能承受的。因此,对多媒体数据的存储和传输都要求对数据进行压缩。声音文件的 MP3 压缩技术说明了压缩与解压缩算法研究的巨大成功,一个播放 3～4 min 歌曲的 MP3 文件通常只需 3 MB 左右的磁盘空间。

第三,信息安全与数据加密。在计算机应用迅猛发展的同时,也面临着各种各样的威胁。一位酒店经理曾经描述了这样一种可能性:"如果我能破坏网络的安全性,想想你在网络上预订酒店房间所提供的信息吧! 我可以得到你的名字、地址、电话号码和信用卡号码,我知道你现在的位置、将要去哪儿、何时去,我也知道你支付了多少钱,我已经得到足够的信息来盗用你的信用卡!"这的确是一个可怕的情景。所以,在电子商务中,信息安全是最关键的问题,保证信息安全的一个方法就是对需要保密的数据进行加密。在这个领域,数据加密算法的研究是绝对必需的,其必要性与计算机性能的提高无关。

(二)算法的特性

算法有五大特性:①有穷性。一个算法必须总是(对任何合法的输入值)在执行有穷步之后结束,且每一步都可在有穷时间(合理、可接受的)内完成。②确定性。算法中每一条指令必须有确切的含义,不会产生二义性。且在任何条件下,算法只有唯一的一条执行路径,即对于相同的输入只能得到相同的输出。③可行性。一个算法是可行的,是指算法中描述的操作都可以通过已经实现的基本运算执行有限次来实现。④有输入。一个算法有零个或多个的输入。⑤有输出。一个算法有一个或多个的输出。

(三)算法的描述方法

算法设计者在构思和设计了一个算法之后,必须清楚准确地将所设计的求解步骤记录下来,即描述算法。常用的描述算法的方法有自然语言、流程图、程序设计语言和伪代码等。

(四)算法设计的一般过程

算法是问题的解决方案,这个解决方案本身并不是问题的答案,而是能获得答案的指令序列。不言而喻,由于实际问题千奇百怪,问题求解的方法千变万化,所以,算法的设计过程是一个灵活的充满智慧的过程,它要求设计人员根据实际情况,具体问题具体分析。可以肯定的是,发明(或发现)算法是一个非常有创造性和值得付出精力的过程。在设计算法时,遵循下列步骤可以在一定程度上指导算法的设计。

1.理解问题

在面对一个算法任务时,算法设计者通常不能准确地理解要求他做的是什么,对算法希望实现什么只有一个大致的想法就匆忙地落笔写算法,其后果通常是写出的算法漏洞百出。在设计算法时需要做的第一件事情就是完全理解要解决的问题,仔细阅读问题的描述,手工处理一些小例子。对设计算法来说,一项重要的技能是:准确地理解算法的输入是什么、要求算法做的是什么,即明确算法的入口和出口。这是设计算法的切入点。

2.预测所有可能的输入

算法的输入确定了该算法所解问题的一个实例。一般而言,对于问题P,总有其相应的实例集 I,则算法 A 若是问题P的算法,意味着把P的任一实例input $\in$ I 作为算法 A 的输入,都能得到问题P的正确输出。预测算法所有可能的输入,包括合法的输入和非法的输入。事实上,无法保证一个算法(或程序)永远不会遇到一个错误的输入,一个对大部分输入都运行正确而只有一个输入不行的算法,就像一颗等待爆炸的炸弹。这绝不是危言耸听,有大量这种引起灾难性后果的案例。例如,许多年以前,整个 AT&T 的长途电话网崩溃,造成了几十亿美元的直接损失。原因只是一段程序的设计者认为他的代码能一直传送正确的参数值,可是有一天,一个不应该有的值作为参数传递了,导致了整个北美电话系统的崩溃。

3.在精确解和近似解间做选择

计算机科学的研究目标是用计算机来求解人类所面临的各种问题。但是,有些问题无法求得精确解,例如,计算 π 值、求平方根、解非线性方程、求定积分等;有些问题由于其固有的复杂性,求精确解需要花费太长的时间,其中最著名的要算旅行商问题(TSP 问题),此时,只能求出近似解。有时需要根据问题以及问题所受的资源限制,在精确解和近似解间做选择。

4.确定适当的数据结构

确定数据结构通常包括对问题实例的数据进行组织和重构,以及为完成算法所设计的辅助数据结构。

5.算法设计技术

算法设计技术(Algorithm design technique),也称算法设计策略,是设计算法的一般性方法,可用于解决不同计算领域的多种问题。我们的算法设计技术已经被证明是对算法设计非常有用的通用技术,包括分治法、动态规划法、贪心法、回溯法、分支限界法、概率算法、近似算法等。这些算法设计技术构成了一组强有力的工具,在为新问题(没有令人满意的已知算法可以解决的问题)设计算法时,可以运用这些技术设计出新的算法。算法设计技术作为问题求解的一般性策略,在解决计算机领域以外的问题时,也能发挥相当大的作用,读者在日后的学习和工作中将会发现学习算法设计技术的好处。

6.描述算法

在构思和设计了一个算法之后,必须清楚准确地将所设计的求解步骤记录下来,即描述算法。

7.跟踪算法

逻辑错误无法由计算机检测出来,因为计算机只会执行程序,而不会理解动机。经验和研究都表明,发现算法(或程序)中的逻辑错误的重要方法就是系统地跟踪算法。跟踪必须要用"心和手"来进行,跟踪者要像计算机一样,用一组输入值来执行该算法,并且这组输入值要最大可能地暴露算法中的错误。即使有几十年经验的高级软件工程师,也经常利用此方法查找算法中的逻辑错误。

8.根据算法编写代码

算法设计的一般过程为:解决问题→预测所有可能的输入→确定(精确解还是近似解,确定数据结构、算法设计技术)→设计并描述算法→跟踪算法→分析算法的效率,如果满意则根据算法编写代码,如果不满意则回到第三步(确定步骤)。需要强调的是,一个好算法是反复努力和不断修正的结果,所以,即使足够幸运地得到了一个貌似完美的算法,也应该尝试着改进它。

那么,什么时候应该停止这种改进呢?设计算法是一种工程行为,需要在资源有限的情况下,在互斥的目标之间进行权衡。设计者的时间显然也是一种资源,在实际应用中,通常是项目进度表迫使我们停止改进算法。

(五)算法设计的要求

当用算法来求解一个问题时,算法设计的目标是正确、可读、健壮、高效、低耗。通常一个好的算法,一般应具有以下几个基本特征。

1.正确性

算法的正确性是指算法应满足具体问题的求解需求。其中"正确"的含义可以分为以下四个层次:①算法所设计的程序没有语法错误;②算法所设计的程序对于几组输入数据能够得到满足要求的结果;③算法所设计的程序对于精心选择的典型、苛刻且带有刁难性的几组输入数据能够得到满足要求的结果;④算法所设计的程序对于一切合法的输入数据都能产生满足要求地结果。

显然,达到第四层意义下的正确是极为困难的,所有不同输入数据的数量大得惊人,逐一验证的方法是不现实的。一般情况下,通常以第三层意义的正确性作为衡量一个算法是否正确的标准。

2.可读性

一个好的算法首先应便于人们理解和相互交流,其次才是机器可执行。可读性好的算法有助于人对算法的理解;晦涩难懂的算法易于隐藏较多的错误,难以调试和修改。

3.健壮性

即对非法输入的抵抗能力。当输入数据非法时,算法也能适当地做出反应或进行处理,而不会产生莫名其妙的输出结果或陷入瘫痪。

4.高效率和低存储量

算法的效率通常是指算法执行的时间。对于同一个问题如果有多个算法可以解决,执行时间短的算法效率高。存储量的需求是指算法执行过程中所需要的最大存储空间。效率与存储量需求这两者都与问题的规模有关。

二、算法分析

算法分析(Algorithm analysis)指的是对算法所需要的两种计算机资源——时间和空间进行估算,所需要的资源越多,该算法的复杂性就越高。不言而喻,一方面,对于任何给定的问题,设计出复杂性尽可能低的算法是设计算法时追求的一个重要目标;另一方面,当给定的问题有多种解法时,选择其中复杂性最低者,是选用算法时遵循的一个重要准则。随着计算机硬件性能的提高,一般情况下,算法所需要的额外空间已不是我们需要关注的重点了,但是对算法时间效率的要求仍然是计算机科学不变的主题。下面重点讨论算法时间复杂性(Time complexity)的分析,对空间复杂性(Space complexity)的分析与之类似。

(一)渐近符号

算法的复杂性是运行算法所需要的计算机资源的量,这个量应该集中反映算法的效率,而从运行该算法的实际计算机中抽取出来。撇开与计算机软、硬件有关的因素,影响算法时间代价的最主要因素是问题规模。问题规模(Problem scope)是指输入量的多少,一般来说,它可以从问题描述中得到。例如,对一个具有 n 个整数的数组进行排序,问题规模是 n。一个显而易见的事实是,几乎所有的算法对于规模更大的输入都需要运行更长的时间。例如,需要更多时间来对更大的数组排序。所以运行算法所需要的时间 T 是问题规模 n 的函数,记作 $T(n)$。[1]

要精确地表示算法的运行时间函数通常是很困难的,即使能够给出,也可能是个相当复杂的函数,函数的求解本身也是相当复杂的。考虑到算法分析的主要目的在于比较求解同一个问题的不同算法的效率,为了客观地反映一个算法的运行时间,可以用算法中基本语句的执行次数来度量算法的工作量。基本语句(Basic statement)是执行次数与整个算法的执行时间成正比的语句,基本语句对算法运行时间的贡献最大,是算法中最重要的操作。这种衡量效率的方法得出的不是时间量,而是一种增长趋势的度量。换言之,只考察当问题规模充分大时,算法中基本语句的执行次数在渐近意义下的阶,通常使用大 O、大 Ω (Omega,大写 Ω,小写 ω)和 Θ (Theta 大写 Θ,小写 θ)等三种渐近符号表示。

1.大 O 符号

若存在两个正的常数 c 和 n_0,对于任意 $n \geq n_0$,都有 $T(n) \leq cf(n)$,则称 $T(n) = O(f(n))$,或称算法在 $O(f(n))$ 中。

大 O 符号用来描述增长率的上限,表示 $T(n)$ 的增长最多像 $f(n)$ 增长得那样快。也就是说,当输入规模为 n 时,算法消耗时间的最大值,这个上限的阶越低,结果就越有价值。

应该注意的是,大 O 符号的定义给了很大的自由度来选择常量 c 和 n_0 的特定值,例如,下列推导都是合理的:$100n+5 \leq 100n+n$(当 $n \geq 5$)$=101n=O(n)$($c=101, n_0=5$);$100n+5 \leq 100n+5n$(当 $n \geq 1$)$=105n=O(n)$($c=105, n_0=1$)

---

[1]李红,许强. 数据结构与算法设计[M]. 合肥:中国科学技术大学出版社,2016.

2.大Ω符号

若存在两个正的常数c和n_0,对于任意$n \geq n_0$,都有$T(n) \geq cg(n)$,则称$T(n)=\Omega(g(n))$,或称算法在$\Omega(g(n))$中。

大Ω符号用来描述增长率的下限,也就是说,当输入规模为n时,算法消耗时间的最小值。与大O符号对称,这个下限的阶越高,结果就越有价值。

大Ω符号常用来分析某个问题或某类算法的时间下界。例如,矩阵乘法问题的时间下界为$\Omega(n^2)$(平凡下界),是指任何两个$n \times n$矩阵相乘的算法的时间复杂性不会小于n^2,基于比较的排序算法的时间下界为$\Omega(n\log_2 n)$,是指无法设计出基于比较的排序算法,其时间复杂性小于$n\log_2 n$。

大Ω符号通常与大O符号配合以证明某问题的一个特定算法是该问题的最优算法,或是该问题中的某算法类中的最优算法。

3.Θ符号

若存在三个正的常数c_1、c_2和n_0,对于任意$n \geq n_0$,都有$c_1 f(n) \geq T(n) \geq c_2 f(n)$,则称$T(n)=\Theta(f(n))$。

Θ符号意味着$T(n)$与$f(n)$同阶,用来表示算法的精确阶。

(二)非递归算法的分析

从算法是否递归调用的角度来说,可以将算法分为非递归算法和递归算法。对非递归算法时间复杂性的分析,关键是建立一个代表算法运行时间的求和表达式,然后用渐近符号表示这个求和表达式。

非递归算法分析的一般步骤:第一,决定用哪个(或哪些)参数作为算法问题规模的度量。在大多数情况下,问题规模是很容易确定的,可以从问题的描述中得到。第二,找出算法中的基本语句。算法中执行次数最多的语句就是基本语句,通常是最内层循环的循环体。第三,检查基本语句的执行次数是否只依赖于问题规模。如果基本语句的执行次数还依赖于其他一些特性(如数据的初始分布),则最好情况、最坏情况和平均情况的效率需要分别研究。第四,建立基本语句执行次数的求和表达式。计算基本语句执行的次数,建立一个代表算法运行时间的求和表达式。第五,用渐近符号表示这个求和表达式。计算基本语句执行次数的数量级,用大O符号来描述算法增长率的上限。

(三)算法的时间性能分析

算法执行时间需通过依据该算法编制的程序在计算机上运行时所消耗的

时间来度量。而度量一个程序的执行时间通常有两种方法：事后统计法和事前分析估算法。前者存在以下缺点：一是必须先执行程序；二是所耗时间的统计量依赖于计算机的硬件、软件等环境因素，可能会掩盖算法本身的优劣。

一个算法用高级语言实现后，在计算机上运行时所消耗的时间与很多因素有关，如计算机的运行速度、编写程序采用的计算机语言、编译程序所产生的机器代码的质量和问题的规模等。在这些因素中，前三个都与具体的机器有关。撇开这些与计算机硬件、软件有关的因素，仅考虑算法本身的效率高低，可以认为一个特定算法的"运行工作量"的大小，只依赖于问题的规模（通常用整数n表示），或者说，它是问题规模的函数。

一个算法是由控制结构（顺序结构、选择结构和循环结构）和原操作（指对固有数据类型的操作）构成的，算法的运行时间取决于两者的综合效果。为了便于比较同一问题的不同算法，通常从算法中选取一种对于所研究的问题来说是基本操作的原操作，算法的执行时间大致为基本操作所需的时间与其重复执行次数（一条语句重复执行的次数称为语句频度）的乘积。被视为算法基本操作的一般是最深层循环内的语句。

一般情况下，算法中基本操作重复执行的次数是问题规模的某个函数$f(n)$，算法的时间量度记作：$T(n)=O(f(n))$。

记号"O"读作"大O"（是Order of magnitude的简写，意指数量级），它表示随着问题规模n的增大，算法执行时间的增长率和$f(n)$的增长率相同，称作算法的渐近时间复杂度（Asymptotic time complexity），简称时间复杂度。

"O"的形式定义为：若$f(n)$是正整数n的一个函数，则$T(n)=O(f(n))$表示存在正的常数M和n_0，使得当$n \geq n_0$时都满足$|T(n)| \leq M|f(n)|$。也就是说，只需求出$T(n)$的最高阶项，可以忽略其低阶项和常系数，这样既可简化$T(n)$的计算，又能比较客观地反映出当n很大时算法的时间性能。

（四）算法的后验分析

算法的后验分析（Posteriori）也称算法的实验分析，它是一种事后计算的方法，通常需要将算法转换为对应的程序并上机运行。其一般步骤如下：

第一，明确实验目的。在对算法进行实验分析时，可能会有不同的目的，例如，检验算法效率理论分析的正确性；比较相同问题的不同算法或相同算法的不同实现间的效率等。实验的设计依赖于实验者要寻求什么答案。

第二，决定度量算法效率的方法，为实验准备算法的程序实现。实验目的有时会影响甚至会决定如何对算法的效率进行度量。一般来说，有以下两种度量方法：①计数法。在算法中的适当位置插入一些计数器，来度量算法中基本语句（或某些关键语句）的执行次数。②计时法。记录某个特定程序段的运行时间，可以在程序段的开始处和结束处查询系统时间，然后计算这两个时间的差。

在用计时法时需要注意，在分时系统中，所记录的时间很可能包含了CPU运行其他程序的时间（例如，系统程序），而实验应该记录的是专门用于执行特定程序段的时间。例如，在UNIX中将这个时间称为用户时间，time命令就提供了这个功能。

第三，决定输入样本，生成实验数据对于某些典型的算法（例如，TSP问题），研究人员已经制定了一系列输入实例作为测试的基准（如TSPLIB），但大多数情况下，需要实验人员自己确定实验的输入样本。一般来说，通常需要确定：①样本的规模。一种可借鉴的方法是先从一个较小的样本规模开始，如果有必要再加大样本规模。②样本的范围。一般来说，输入样本的范围不要小得没有意义，也不要过分大。此外，还要设计一个能在所选择的样本范围内产生输入数据的程序。③样本的模式。输入样本可以符合一定的模式，也可随机产生。根据一个模式改变输入样本的好处是可以分析这种改变带来的影响，例如，如果一个样本的规模每次都会翻倍，则可以通过计算$T(2n)/T(n)$考察该比率揭示的算法性能是否符合一个基本的效率类型。

如果对于相同规模的不同输入实例，实验数据和实验结果有很大不同，则需要考虑是否包括同样规模的多个不同输入实例。例如，排序算法，对于同样数据集合的不同初始排列，算法的时间性能会有很大差别。

第四，对输入样本运行算法对应的程序，记录得到的实验数据。作为实验结果的数据需要记录下来，通常用表格或者散点图记录实验数据，散点图就是在笛卡儿坐标系中用点将数据标出。以表格呈现数据的优点是直观、清晰，可以方便地对数据进行计算，以散点图呈现数据的优点是可以确定算法的效率类型。

第五，分析得到的实验数据。根据实验得到的数据，结合实验目的，对实验结果进行分析，并根据实验结果不断调整实验的输入样本，经过对比分析，得出具体算法效率的有关结论。

算法的数学分析和实验分析的基本区别是数学分析不依赖于特定输入，缺点是适用性不强,尤其对算法进行平均性能分析时。实验分析能够适用于任何算法,但缺点是其结论依赖于实验中使用的特定输入实例和特定的计算机系统。

实际应用中,可以采用数学分析和后验分析相结合的方式来分析算法。此时,描述算法效率的函数是在理论上确定的,而其中一些必要的参数则是针对特定计算机或程序根据实验数据得来的。

第三节 算法的评价与优化

一、算法评价

对于解决同一个问题,往往能够编写出许多不同的算法。例如,对于数据的排序问题,常见的有枚举排序、冒泡排序、插入排序、快速排序、希尔排序等多种方法。这些排序算法各有优缺点,其算法如何有待用户的评价。因此,对问题求解的算法优劣的评定称为"算法评价"。算法评价的目的在于,从解决同一问题的不同算法中选择出较为合适的一种算法,或者是对原有的算法进行改造、加工,使其更优、更好。

一般对算法进行评价主要有四个方面:

1.算法的正确性

正确性是设计和评价一个算法的首要条件,如果一个算法不正确,其他方面就无从谈起。一个正确的算法是指在合理的数据输入下,能在有限的运行时间内得到正确的结果。通过对数据输入的所有可能情况的分析和上机调试,以证明算法是否正确的。

2.算法的简单性

算法简单有利于阅读,也使得证明算法正确性比较容易,同时有利于程序的编写、修改和调试。但是算法简单往往并不是最有效。因此,对于问题的求解,我们往往更注重有效性。有效性比简单性更重要。

3.算法的运行时间

算法的运行时间是指一个算法在计算机上运算所花费的时间。它大致等于计算机执行简单操作(如赋值操作、比较操作等)所需要的时间与算法中进行简单操作次数的乘积。通常把算法中包含简单操作次数的多少叫作算法的时间复杂性。[①]它是一个算法运行时间的相对量度,一般用数量级的形式给出。度量一个程序的执行时间通常有两种方法。一种是事后统计的方法。因为很多计算机内部都有计时功能,有的甚至可以精确到毫秒级,不同算法的程序可通过一组或若干组相同的统计数据以分辨优劣。

但这种方法有两个缺陷:一是必须先运行依据算法编制的程序;二是所耗时间的统计量依赖于计算机的硬件、软件等环境因素,有时容易掩盖算法本身的优劣。因此,人们常常采用另一种事前分析估算的方法。用该方法求出算法的一个时间界限函数(是一些有关参数的函数)。一个用高级程序语言编写的程序在计算机上运行时所消耗的时间取决于下列因素:①依据的算法选用何种策略。②问题的规模,例如,求100以内还是1000以内的素数。③书写程序的语言。对于同一个算法,实现语言的级别越高,执行效率就越低。④编译程序所产生的机器代码的质量。⑤机器执行指令的速度。

显然,同一个算法用不同的语言实现,或者用不同的编译程序进行编译,或者在不同的计算机上运行时,效率均不相同。这表明使用绝对的时间单位衡量算法的效率是不合适的。撇开这些与计算机硬件、软件有关的因素,可以认为一个特定算法"运行工作量"的大小,只依赖于问题的规模(通常用整数量级n表示),因此,用事前估算方法求出的算法的一个时间限定函数,通常是问题规模的一个函数,称为时间复杂度。

一个算法是由控制结构(顺序结构、分支结构和循环结构)和原操作(指固有数据类型的操作)构成的,算法时间取决于两者的综合效果。为了便于比较同一问题的不同算法,通常的做法是,从算法中选取一种对于所研究的问题(或算法类型)来说是基本运算的原操作,以该基本操作重复执行的次数作为算法的时间度量。

一般情况下,对一个问题(或一类算法)只需选择一种基本操作来讨论算法的时间复杂度即可,有时也需要同时考虑几种基本操作,甚至可以对不同的操作赋以不同权值,以反映执行不同操作所需的相对时间,这种做法便于综合比较解决同一问题的两种完全不同的算法。

---

①李海涛,邵泽东. 基于头脑风暴优化算法与BP神经网络的海水水质评价模型研究[J]. 应用海洋学学报,2020,39(01):57-62.

由于算法的时间复杂度考虑的只是对于问题规模n的增长率,则在难以计算基本操作执行次数(或语句频度)的情况下,只需求出它关于n的增长率或阶即可。

4.算法所占用的存储空间

算法在运行过程中临时占用的存储空间的大小被定义为算法的空间复杂性。空间复杂性包括程序中的变量、过程或函数中的局部变量等所占用的存储空间以及系统为了实现递归所使用的堆栈两部分。算法的空间复杂性一般也以数量级的形式给出。

类似于算法的时间复杂度,以空间复杂度作为算法所需存储空间的量度,记作

$$S(n)=O(f(n))$$

其中,n为问题的规模(或大小)。一个上机执行的程序除了需要存储空间来寄存本身所用指令、常数、变量和输入数据外,也需要一些对数据进行操作的工作单元和存储一些为实现计算所需信息的辅助空间。若输入数据所占空间只取决于问题本身,和算法无关,则只需要分析除输入和程序之外的额外空间,否则应同时考虑输入本身所需空间(和输入数据的表示形式有关)。若额外空间相对于输入数据量来说是常数,则称此算法为原地工作。又如果所占空间量依赖于特定的输入,则除特别指明外,均按最坏情况来分析,即以所占空间可能达到的最大值作为其空间复杂度。

二、算法优化

算法优化的几常用方法有以下几种:

第一,空间换时间算法中的时间和空间往往是矛盾的,时间复杂性和空间复杂性在一定条件下也是可以相互转化的,有时候为了提高程序运行的速度,在实践要求十分苛刻的前提下,设计算法时可考虑充分利用有限的剩余空间来存储程序中反复要计算的数据,这就是"用空间换时间"策略,是优化程序的一种常用方法。相应地,在空间要求十分苛刻时,程序所能支配的自由空间不够用时,也可以以牺牲时间为代价来换取空间。由于当今计算机硬件技术发展很快,程序所能支配的自由空间一般比较充分,因而这种方法在程序设计中不常用到。

第二,尽可能利用前面已有的结论。比如递推法、构造法和动态规划就是

这一策略的典型应用,利用以前计算的结果在后面的计算中不需要重复。

第三,寻找问题的本质特征,以减少重复操作。算法的复杂度分析不仅可以对算法的好坏做出客观的评估,同时对算法设计本身也有着指导性作用,因为在解决实际问题时,算法设计者在判断所想出的算法是否可行时,通过对算法做事先评估能够大致得知这个算法的优劣,进而做出是否采纳该算法的决定。这样就能避免把大量的精力投入到低效算法的实现中去,特别是现在举行的各级信息学奥林匹克竞赛对程序的运行时间都有着相当严格的限制,掌握好算法复杂度的大致评估方法就显得尤为重要。

第四节　算法的复杂度

同一个问题往往可以由不同的算法解决,但是算法不同,效率也不同。我们怎么知道同一个问题的不同算法哪一个效率高?通常在评价算法性能时,复杂性是一个重要的依据。算法的复杂性程度与运行该算法所需要的计算机资源的多少有关,所需要的资源越多,表明该算法的复杂性越高;所需要的资源越少,表明该算法的复杂性越低。算法在计算机上执行运算,需要一定的存储空间存放描述算法的程序和算法所需的数据,计算机完成运算任务需要一定的时间。根据不同的算法写出的程序放在计算机上运算时,所需要的时间和空间是不同的,算法的复杂性是对算法运算所需时间和空间的一种度量。不同的计算机其运算速度相差很大,在衡量一个算法的复杂性时要注意到这一点。计算机的资源,最重要的是运算所需的时间和存储程序和数据所需的空间资源,算法的复杂性有时间复杂性和空间复杂性之分。

对于任意给定的问题,设计出复杂性尽可能低的算法是在设计算法时考虑的一个重要目标。[1]另外,当给定的问题已有多种算法时,选择其中复杂性最低者,是在选用算法时应遵循的一个重要准则。因此,算法的复杂性分析对算法的设计或选用有着重要的指导意义和实用价值。

在讨论算法的复杂性时,有两个问题要弄清楚:①一个算法的复杂性用怎样的一个量来表达;②怎样计算一个给定算法的复杂性。

---

[1]徐姿,张慧灵.非凸极小极大问题的优化算法与复杂度分析[J].运筹学学报,2021,25(03):74-86.

找到求解一个问题的算法后,接着就是该算法的实现,至于是否可以找到实现的方法,取决于算法的可计算性和计算的复杂性,以及该问题是否存在求解算法,能否提供算法所需要的时间资源和空间资源。

一、算法复杂性的度量

如何得到这个时间的量? 一种方法是编出程序运行得到时间量。这种方法的缺点是:花费人的劳力;实验只能在有限的测试输入集上进行,必须仔细考虑这些数据,以确保它们具有代表性;除非在相同的硬件和软件环境上执行两个算法的运行时间的实验,否则难以比较两个算法的效率。通常算法分析的框架:①考虑所有可能的输入。②允许独立于软硬件环境来评估任意两个算法的相对效率。③无须真正实现算法和执行算法,通过研究算法的高级描述就能进行算法的分析。

算法的复杂性是算法运行所需要的计算机资源的量,需要时间资源的量称为时间复杂性,需要空间资源的量称为空间复杂性。这个量应该集中反映算法的效率,并从运行该算法的实际计算机中抽象出来。换句话说,这个量应该是只依赖于要解的问题的规模、算法的输入和算法本身的函数。如果分别用 N、I 和 A 表示算法要解的问题的规模、算法的输入和算法本身,用 C 表示复杂性,那么,应该有 $C=F(N,I,A)$,其中 $F(N,I,A)$ 是一个由 N、I 和 A 确定的三元函数。如果把时间复杂性和空间复杂性分开,并分别用 T 和 S 来表示,应该有:$T=T(N,I,A)$ 和 $S=S(N,I,A)$。通常,我们让 A 隐含在复杂性函数名当中,因而将 T 和 S 分别简写为 $T=T(N,I)$ 和 $S=S(N,I)$。

由于时间复杂性与空间复杂性概念类同,计算方法相似,且空间复杂性分析相对简单些,所以本书将主要讨论时间复杂性。现在的问题是如何将复杂性函数具体化,即对于给定的 N、I 和 A,如何导出 $T(N,I)$ 和 $S(N,I)$ 的数学表达式,来给出计算 $T(N,I)$ 和 $S(N,I)$ 的法则。下面以 $T(N,I)$ 为例,将复杂性函数具体化。

根据 $T(N,I)$ 的概念,它应该是算法在一台抽象的计算机上运行所需的时间。设此抽象的计算机所提供的元运算有 k 种,它们分别记为 $O_1,O_2,\cdots,O_k$;再设这些元运算每执行一次所需要的时间分别为 $t_1,t_2,\cdots,t_k$。对于给定的算法 A,设经过统计,用到元运算 O_i 的次数为 $e_i, i=1,2,\cdots,k$,很明显,对于每一个 $i, 1\leqslant i\leqslant k$,$e_i$ 是 N 和 I 的函数,即 $e_i=e_i(N,I)$。那么有:

$$T(N,I) = \sum_{i=1}^{k} t_i \cdot e_i(N,I)$$

其中 $t_i(i=1,2,\cdots,k)$ 是与 N、I 无关的常数。

显然,我们不可能对规模 N 的每一种合法的输入都去统计 $e_i(N,I)(i=1, 2,\cdots,k)$。因此,$T(N,I)$ 的表达式还得进一步简化,或者说,我们只能在规模为 N 的某些或某类有代表性的合法输入中统计相应的 $e_i(i=1,2,\cdots,k)$ 来评价时间复杂性。

下面只考虑三种情况的复杂性,即最坏情况、最好情况和平均情况下的时间复杂性,并分别记为 $T_{max}(N)$、$T_{min}(N)$ 和 $T_{avg}(N)$。在数学上有:

$$T_{max}(N) = \max_{I \in D_N} T(N,I) = \max_{I \in D_N} T \sum_{i=1}^{k} t_i \cdot e_i(N,I') = T(N,I') \tag{1-1}$$

$$T_{max}(N) = \max_{I \in D_N} T(N,I) = \max_{I \in D_N} T \sum_{i=1}^{k} t_i \cdot e_i(N,\tilde{I}) = T(N,\tilde{I}) \tag{1-2}$$

$$T_{max}(N) = \sum_{I \in D_N} P(I) \cdot T(N,I) = \sum_{I \in D_N} P(I) \sum_{i=1}^{k} t_i \cdot e_i(N,I) \tag{1-3}$$

其中,D_N 是规模为 N 的合法输入的集合;I' 是 D_N 中一个使 $T(N,I')$ 达到 $T_{max}(N)$ 的合法输入;$\tilde{I}$ 是 D_N 中一个使 $T(N,\tilde{I})$ 达到 $T_{min}(N)$ 的合法输入;而 $P(I)$ 是在算法的应用中出现输入 I 的概率。

以上三种情况下的时间复杂性各从某一个角度来反映算法的效率,各有各的用处,也各有各的局限性。但实践表明,可操作性最好的且最有实际价值的是最坏情况下的时间复杂性。下面我们将把对时间复杂性分析的主要兴趣放在这种情形上。

一般来说,最好情况和最坏情况的时间复杂性是很难计量的,原因是对于问题的任意确定的规模 N 达到了 $T_{max}(N)$ 的合法输入难以确定,而规模 N 的每一个输入的概率也难以预测或确定。我们有时也按平均情况计量时间复杂性,但那是在对 $P(I)$ 做了一些人为的假设之后才进行的。所做的假设是否符合实际总是缺乏根据。因此,在最好情况和平均情况下的时间复杂性分析还仅仅是停留在理论上。

二、复杂性的渐近性态及其阶

随着经济的发展、社会的进步及科学研究的深入,要求用计算机解决的问题越来越复杂,规模越来越大。但是,如果对这类问题的算法进行分析时,把所有的元运算都考虑进去,精打细算,那么,由于问题的规模很大且结构复杂,算法分析的工作量之大、步骤之繁将令人难以承受。因此,人们提出了对于规模充分大、结构又十分复杂的问题的求解算法,其复杂性分析应如何简化的问题。

我们先要引入复杂性渐近性态的概念。设 $T(N)$ 是前面所定义的关于算法 A 的复杂性函数。一般说来,当 N 单调增加且趋于 ∞ 时,$T(N)$ 也将单调增加趋于 ∞。对于 $T(N)$,如果存在 $T'(N)$,使得当 $N \to \infty$ 时有:$(T(N)-T'(N))/T(N) \to 0$,那么,我们就说 $T'(N)$ 是 $T(N)$ 当 $N \to \infty$ 时的渐近性态,或叫 $T'(N)$ 为算法 A 当 $N \to \infty$ 的渐近复杂性而与 $T(N)$ 相区别,因为在数学上,$T'(N)$ 是 $T(N)$ 当 $N \to \infty$ 时的渐近表达式。

直观上,$T'(N)$ 是 $T(N)$ 中略去低阶项所留下的主项。所以它无疑比 $T(N)$ 简单。比如当 $T(N)=3N^2 + 4N\log N + 7$ 时,$T'(N)$ 的一个答案是 $3N^2$,因为这时有:

$$T(N) - \frac{T'(N)}{T(N)} = \frac{4N\log N + 7}{3N^2 + 4N\log N + 7} \to 0,当N \to \infty 时$$

显然 $3N^2$ 比 $3N^2+4N\log N+7$ 简单得多。

由于当 $N \to \infty$ 时 $T(N)$ 渐近于 $T'(N)$,我们有理由用 $T'(N)$ 来替代 $T(N)$ 作为算法 A 在 $N \to \infty$ 时的复杂性的度量。而且由于 $T'(N)$ 明显地比 $T(N)$ 简单,这种替代明显是对复杂性分析的一种简化。

进一步,考虑到分析算法的复杂性的目的在于比较求解同一问题的两个不同算法的效率,而当要比较的两个算法的渐近复杂性的阶不相同时,只要能确定出各自的阶,就可以判定哪一个算法的效率高。换句话说,这时的渐近复杂性分析只要关心 $T'(N)$ 的阶就够了,不必关心包含在 $T'(N)$ 中的常数因子。所以,我们常常又对 $T'(N)$ 的分析进一步简化,即假设算法中用到的所有不同的元运算各执行一次,所需要的时间都是一个单位时间。

综上所述,我们已经给出了简化算法复杂性分析的方法和步骤,即只要考察当问题的规模充分大时,算法复杂性在渐近意义下的阶。

三、渐近符号

与此简化的复杂性分析方法相配套,需要引入5个渐近意义下的记号:O、Ω、θ、o 和 w。

以下设 $f(N)$ 和 $g(N)$ 是定义在正数集上的正函数。

如果存在正的常数 C 和自然数 N_0,使得当 $N \geq N_0$ 时有 $f(N) \leq C_g(N)$,则称函数

f(N)当N充分大时有上界,且g(N)是它的一个上界,记为f(N)=O(g(N))。这时我们还说f(N)的阶不高于g(N)的阶。

常见的例子有:

(1)因为对所有的N≥1有3N≤4N,因此,3N = O(N);

(2)因为当N≥1时,有N + 1024≤1025N,因此,N + 1024 = O(N);

(3)因为当N≥10时,有$2N^2 + 11N - 10 ≤ 3N^2$,因此,$2N^2 + 11N - 10 = O(N^2)$;

(4)因为对所有N≥1,有$N^2 ≤ N^3$,因此,$N^2 = O(N^3)$;

(5)作为一个反例$N ≠ O(N^2)$;若不然,则存在正的常数C和自然数N_0,使得当N≥N_0时有$N^3 ≤ CN^2$,即N≤C,显然当取N = $\max(N_0, \lfloor C \rfloor + 1)$时这个不等式不成立,所以$N^3 ≠ O(N^2)$。

按照大O的定义,容易证明它有如下运算规则:

规则1:$O(f) + O(g) = O(\max(f, g))$;

规则2:$O(f) + O(g) = O(f + g)$;

规则3:$O(f) \cdot O(g) = O(f \cdot g)$;

规则4:如果$g(N) = O(f(N))$,则$O(f) + O(g) = O(f)$;

规则5:$O(Cf(N)) = O(f(N))$,其中C是一个正的常数;

规则6:$f = O(f)$。

规则1的证明如下:

设F(N)=O(f)。根据记号O的定义,存在正常数C_1和自然数N_1,使得对所有的N≥N_1,有$F(N) ≤ C_1 f(N)$。类似地,设G(N) = O(g),则存在正的常数C_2和自然数N_2使得对所有的N≥N_2有$G(N) ≤ C_2 g(N)$,今令:

$C_3 = \max(C_1, C_2)$,$N_3 = \max(N_1, N_2)$和对任意的非负整数N,$h(N) = \max(f, g)$,则对所有的N≥N_2有$F(N) ≤ C f(N) ≤ C_1 f(N) ≤ C_1 h(N)$。

类似地,有:$G(N) ≤ C_2 g(N) ≤ C_2 h(N) ≤ C_3 h(N)$。

因而 $O(f) + O(g) = F(N) + G(N) ≤ C_3 h(N) + C_3 h(N)$
$$= 2C_3 h(N)$$
$$= O(h) = O(\max(f, g))$$

其余规则的证明类似,请读者自行证明。

如果利用上述规则,有$T_{max}(m) = O(m)$和$T_{avg}(m) = O(m) + O(m) + O(m) = O(m)$。

四、复杂性渐近阶的重要性

计算机的设计和制造技术在突飞猛进,一代又一代的计算机的计算速度和存储容量呈直线增长。有的人因此认为不必要再去苦苦地追求高效率的算法,从而不必要再去无谓地进行复杂性的分析。他们以为低效的算法可以由高速的计算机来弥补,以为在可接受的一定时间内用低效的算法完不成的任务,只要移植到高速的计算机上就能完成。这是一种错觉。造成这种错觉的原因是他们没看到:随着经济的发展、社会的进步、科学研究的深入,要求计算机解决的问题越来越复杂,规模越来越大,也呈线性增长之势;而问题复杂程度和规模的线性增长导致的时耗的增长和空间需求的增长,对低效算法来说,都是超线性的,绝非计算机速度和容量的线性增长带来的时耗减少和存储空间的扩大所能抵消的。事实上,我们只要对效率上有代表性的几个档次的算法做些简单的分析对比就能明白这一点。

我们还是以时间效率为例。设 $A_1, A_2, \cdots, A_6$ 是求解同一问题的 6 个不同的算法,它们的渐近时间复杂性分别为 $N, N\log_2 N, N^2, N^3, 2^N, N!$。让这 6 种算法各在 C_1 和 C_2 两台计算机上运行,并设计算机 C_2 的计算速度是计算机 C_1 的 10 倍。在可接受的一段时间内,设在 C_1 上算法 A_i 可能求解的问题的规模为 N_{1i} 而在 C_2 上可能求解的问题的规模为 N_{2i},那么有,

$$T_i(N_{2i}) = 10 T_i(N_{1i})$$

其中,$T_i(N)(i=1,2,\cdots,6)$ 是算法 A 渐近的时间复杂性。分别解出 $T_i(N_{2i})$ 和 N_{1i} 的关系,可列成表1-1。

表 1-1 算法与渐近时间复杂性的关系

算法	渐进时间复杂性 $T(N)$	在 C_1 上可解的规模 N_1	在 C_2 上可解的规模 N_2	N_1 和 N_2 的关系
A_1	N	N_{11}	N_{21}	$N_{21} = 10 N_{11}$
A_2	$N\log_2 N$	N_{12}	N_{22}	$N_{22} \approx 10 N_{12}$
A_3	N^2	N_{13}	N_{23}	$N_{23} = \sqrt{10} N_{13}$
A_4	N^3	N_{14}	N_{24}	$N_{24} = \sqrt[3]{10} N_{14}$
A_5	2^N	N_{15}	N_{25}	$N_{25} = N_{15} + \log_2 10$

算法	渐进时间复杂性 T(N)	在 C_1 上可解的规模 N_1	在 C_2 上可解的规模 N_2	N_1 和 N_2 的关系
A_6	N!	N_{16}	N_{26}	$N_{26}=N_{16}+$ 小的常数

从表 1-1 的最后一列可以清楚地看到,对于高效的算法 A_1,计算机的计算速度增长 10 倍,可求解的规模同步增长 10 倍;对于 A_2 可求解的问题的规模的增长与计算机的计算速度的增长接近同步;但对于低效的算法 A_3,情况就大不相同,计算机的计算速度增长 10 倍只换取可求解的问题的规模增加 $\log_2 10$。当问题的规模充分大时,这个增加的数字是微不足道的。换句话说,对于低效的算法,计算机的计算速度成倍乃至数 10 倍的增长基本上不带来求解规模的增益。因此,对于低效算法要扩大解题规模,不能寄希望于移植算法到高速的计算机上,而应该把着眼点放在算法的改进上。

从表 1-1 的最后一列还看到,限制求解问题规模的关键因素是算法渐近复杂性的阶,对于表中的前四种算法,其渐近的时间复杂性与规模 N 的一个确定的幂同阶,相应地,计算机的计算速度的乘法增长带来的是求解问题的规模的乘法增长,只是随着幂次的提高,规模增长的倍数在降低。我们把渐近复杂性与规模 N 的幂同阶的这类算法称为多项式算法。对于表中的后两种算法,其渐近的时间复杂性与规模 N 的一个指数函数同阶,相应地计算机的计算速度的乘法增长只带来求解问题规模的加法增长。我们把渐近复杂性与规模 N 的指数同阶的这类算法称为指数型算法。多项式算法和指数型算法是在效率上有质的区别的两类算法。这两类算法的区别的内在原因是算法渐近复杂性的阶的区别。可见,算法的渐近复杂性的阶对于算法的效率有着决定性的意义。所以在讨论算法的复杂性时基本上都只关心它的渐近阶。

多项式算法是有效的算法。绝大多数的问题都有多项式算法。但也有一些问题还未找到多项式算法,只找到指数型算法。

我们在讨论算法复杂性的渐近阶的重要性的同时,有以下两条要记住:

第一,"复杂性的渐近阶比较低的算法比复杂性的渐近阶比较高的算法有效"这个结论,只是在问题的求解规模充分大时才成立。比如算法 A_4 比 A_5 有效只是在 $N^3 < 2^N$,即 $N \geq c$ 时才成立。其中 c 是方程 $N^3 = 2^N$ 的解。当 $N < c$ 时,A_5 反而比 A_4 有效。所以对于规模小的问题,不要盲目地选用复杂性阶比较低的算

法。其原因一方面是如上所说，复杂性阶比较低的算法在规模小时不一定比复杂性阶比较高的算法更有效；另一方面，在规模小时，决定工作效率的可能不是算法的效率而是算法的简单性，哪一种算法简单，实现起来快，就选用哪一种算法。

　　第二，当要比较的两个算法的渐近复杂性的阶相同时，必须进一步考察渐近复杂性表达式中常数因子才能判别它们谁好谁差。显然常数因子小的算法优于常数因子大的算法。比如渐近复杂性为 $N\log_2\dfrac{N}{100}$ 的算法显然比渐近复杂性为 $100N\log_2 N$ 的算法有效。

第二章 计算机基础算法

第一节 查找

在算法中,数据是基础,没有数据的算法只能是空中楼阁,中看不中用。没有数据就没有算法,缺少数据这块土壤,算法就难以生存。例如,用线性表来组织数据,针对线性表的算法就有插入、删除、查找和排序等。

在组织数据的时候,如果数据是乱序的,那么查找起来是很费劲的。每次查找都需要从头开始,一个一个地向后搜索,遍历整个数据,直到找到所需的数据为止。如果运气好的话,数据正好在第一个位置,那么查找的时间很短,第一次就可以找到;如果运气不好,数据在最后一个位置,则查找的时间较长,直到最后一个位置才能找到数据。查找的时间对于位置不同的数据是不公平的,有的需要的时间长,有的需要的时间短,很不稳定。

因此,我们在组织数据和存储数据的时候,一般将数据按照一定的顺序排列,这样可以方便以后查找。有序组织数据的例子在日常生活中很常见,如图书馆为所有的书目建立一个索引,方便读者借书的时候查找,每本书都有一个目录,也是为了方便查找。

对于算法的数据,我们存储操作很少,大部分是查找操作。据统计,关于数据的操作,80%以上是查找操作。例如,在互联网中,用户可以对网站的数据进行无数次的查询操作,而搜索引擎百度和搜狗等,每天只需组织数次数据。为了方便以后的查找操作,在存储数据的时候,我们需要将数据排序,按照某种顺序存放。其实排序和查找是一对孪生姐妹,相辅相成,排序的目的是查找。排序算法确定了,那么对应的查找算法也必须与之对应。我们可以在数据插入时排序,还可以在所有数据插入完后一次性排序,也可在查找的过程中排序。针对不同类型的数据,按照实际需求设定对应的排序算法。[1]

---

①唐友. 数据结构与算法[M]. 哈尔滨:哈尔滨工业大学出版社,2019.

现实生活中,每个人都有需要在一堆东西里找出某件特定物品的经历。一番努力后,可能找到了,也可能没找到。此外,当我们得到某件物品(例如一本书)时,有时也会为把它放在什么位置而纠结,希望将它放到一个今后找起来方便的地方。

计算机中与这两种生活现象对应的,就是对数据的两种基本的操作:查找和插入。选择适当位置插入的主要目的就是便于今后的查找。查找和插入操作不仅本身有直接的应用,还是计算机中许多其他复杂操作和功能的基础。

一般来说,讨论查找和插入操作,我们总会面对一个数据元素集合 $A=\{a_1, a_2, \cdots, a_n\}$ 和一个数据元素 x,问 x 是否在 A 中。当发现 x 不在 A 中的时候,如果需要,则把 x 放入 A 中。

如果这样的操作十分频繁,且随着时间的推移 A 变得很大(例如 $n>10^9$)时,效率就是一个值得重视的问题了。关键问题归纳为两点,一是如何组织 A 中的数据,二是如何平衡查找和插入操作之间的效率。后面这一点是说,如果预计查找是频繁的,插入是稀少的,则可以在插入操作上花更多的时间,以换取查找上时间的减少。而关于 A 中数据的组织,在计算机中涉及采用不同数据结构的考量,也是以下内容展开的线索。下面从四个方面进行讨论。

一、无序元素列表上的查找与插入

这是一种最基本也是最简单的情况。集合 $A=\{a_1, a_2, \cdots, a_n\}$ 的元素任意放在一个列表或数组 A 中,对于需要查找的数据元素 x,执行以下算法:

```
for i in range(len(A)):
if x==A[i]
    print('元素'+str(x)+'在数据集合A中')
    exit()
    print('元素'+str(x)+'不在数据集合A中')
    A.append(x)
```

算法逻辑直截了当,用 x 逐个和 A 的元素比较,发现有相等的就报告成功;若比较完了还没发现相等的,就报告失败,接着把 x 放到 A 的末尾(插入操作)。

可见,这里的插入操作很简单,时间复杂度为 O(1)。但查找操作在最坏情况下需要做 n 次比较,即 O(n),适合插入较多(新元素较多)、查找较少的应用场合。

二、有序元素列表上的查找与插入

当查找很频繁，且 n 很大时，实质性地减少查找所需的计算量就变得很有意义了。关键就在数据的组织上，即要让 A 的元素按某种特定方式组织，以便于开展查找的过程。一种简单的方式就是让它的元素有序，从而可以支持"对分查找"的算法。原理很直观，就是利用列表元素有序（不妨设增序）的特点，如果发现 x < a，那么 x 就不再需要和 a 右边的元素比较了，如果 $A=\{a_1, a_2, \cdots, a_i, \cdots, a_n\}$ 中有 x，那一定就是在 a 的左边。算法描述如下：

Low=0；high=len(A)−1

while low<=high：

mid=(low+high)//2   #确定中间元素位置，例如(2+5)//2=3

if x<A[mid]：

high=mid−1

elif x==A[mid]：

print（'元素'+str(x)+'在数据集合 A 中'）

exit()

else：#i.e.x>A[mid]

low=mid+1

print（'元素'+str(x)+'不在数据集合 A 中'）

if high<mid：

A.insert(mid,x)   #插入在 A[mid]的当前位置

else：   #i.e.，low>mid

A.insert(mid+1,x)   #插入在 A[mid]的后面（右边）

算法用 low 和 high 控制需要查找的范围，每次通过"mid=(low+high)//2"确定"中点"（"对分查找"由此而来），在偶数个元素的场合则取中间靠左的一个。如果 x 和 A[mid]不相等，就需要移动 low 或者 high，对应的 mid+1 和 mid−1 排除了 A[mid]，从而保证 low 和 high 指示的元素都是应该查找的，与初值设定的含义一致。

如果某次比较相等，则报告成功，结束查找。若 x 不在 A 中，最后一次比较对应 high=low 的情况，此时 mid=low=high，若还不成功，等价地就是置 low←high+1 或者 high←low−1，也就是 while 循环不再执行的条件。

报告失败后，再把 x 插入 A 中就不像前面那么简单了。插入的位置取决于

最后一次比较时 x 是小还是大,对应分别插入 mid 的当前位置或后面,以保证 A 中元素的有序性。更重要的是,这里的插入要涉及后面元素的移动,对效率是有影响的。

综合起来,基于有序元素的列表,对分查找的查找效率高,其复杂度是 $O(\log_2 n)$,相比 $O(n)$ 是实质性的提高。不过代价也很明显,即在没找到、需要插入的时候,最坏情况下要在列表上往后移动 n 个数据,即 $O(n)$。适合查找较多、插入较少(新元素较少)的应用场合。

三、搜索二叉树上的查找与插入

前面介绍的两种方法总的来说都比较简单,各有优势,也各有不足。有没有办法综合它们的优点,避免它们的缺点呢? 理想目标就是,判断 x 是否存在于 A 中,希望能有 $O(\log_2 n)$ 的效率(类似于对分查找),如果 x 不在 A 中,则为插入 x 而导致的数据移动操作是常数量级(类似于顺序查找中的 A.append(x))。

采用二叉树数据结构是实现这一追求的基本途径。二叉树是一种重要的数据结构,核心概念为"树根""左子树""右子树"和"递归定义"。二叉树的示例如图 2-1 所示。

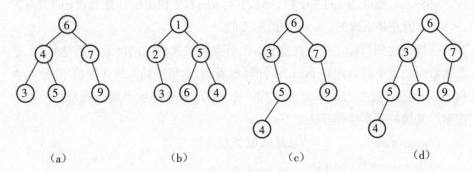

图 2-1　二叉树示例

在应用中,二叉树中的节点常用于存放数据。当我们将数据之间的大小关系与树中节点的结构性关系做某种对应的时候,就可能产生意想不到算法结果。搜索二叉树(亦称"查找二叉树")就是这方面的一个例子。

上述"数据之间的大小关系与树中节点的结构性关系"的对应,在搜索二叉树上就是:根节点的数值不小于左子树节点的值,不大于右子树节点的值。在图 2-1 中,图(a)和图(c)是搜索二叉树,图(b)和图(d)则不是。

这样的搜索二叉树对查找有什么好处呢? 仔细体会,它与对分查找的算法思想十分相近。当把数据集合 A 的元素按照搜索二叉树的要求放好之后,查找 x 是否在 A 中,就是从根节点开始比较,如果 x 较小,则意味着它比右子树的所有节点都要小,不用再去查了(相当于对分查找中不用再关注 mid 右边的元素),只需关注左子树就可以了(相当于对分查找中的 high = mid-1)。

如果查找失败,要把 x 插入 A 中,如何能保证插入正确的位置呢?在前面讨论对分查找的时候,我们已经感到将新元素插入数据集合的适当位置是一件需要仔细确定的事情,目的就是要保证得到的数据结构具有相同的性质。在对分查找中是元素之间的顺序,而在这里则是搜索二叉树的要求。

我们注意到,查找不成功的结论总是出现在与二叉树中的某个节点 a 比较不相等,按规则不能再进展时(a 可能是叶节点,也可能是一边子树为空的非叶节点),如果 x < a,则应将 x 做成 a 的左子树,否则,就做成 a 的右子树。局部地看,x 与 a 的关系是正确的,那么 x 与其他所有节点的关系也是正确的吗?也就是要问,对于任意节点 b,此时 x 与 b 的相对位置和值的大小之间的对应,符合搜索二叉树的规定吗?在算法过程中,当 x 来到以 a 为根的子树时,除该子树的节点外,x 与整个搜索二叉树上其他节点的关系都已经是正确的。它与 a 进行比较,如果 x < a,则成为 a 的左子树,那么它与 a 的右子树上的任意节点 b 的关系为 x < a < b,因此是正确的。x > a 的情形类似。

这样做达到目标了吗?注意到 n 个节点的二叉树的高度最低可达 $\log_2 n$,这意味着查找效率能做到 $O(\log_2 n)$。同时也看到,这里的插入操作很简单,即在查找不成功的时候在当前节点上生成一个子节点,效率就是常数量级的 $O(1)$。搜索二叉树的基本操作算法如下:

```
current=root            //总是从根节点开始
while current ！=NULL:
    Found=False
    parent=current      // 为可能需要的插入操作做准备
    if x<current[VAL]:       //向左子树查找
        current=current[LEFT]
        flag=LEFT           //指示在哪边插入
    elif x>current[VAL]:        //向右子树查找
        current=current[RIGHT]
        flag=RIGHT
```

```
        else：
        print('元素'+str(x)+'在数据集合A中')
        Found=True
        break
if Found==False：            //没有找到，需要跟一个插入操作
        print('元素'+str(x)+'不在数据集合A中，)
        current=Create_node(x)
        parent[flag]=current
```

采用搜索二叉树作为数据结构，既能实现高效率的查找，又能实现高效率的插入。但是还有一个潜在的问题，那就是上述方法不能保证二叉树的高度为$O(\log_2 n)$。事实上，大量如上描述的简单插入操作很容易导致一棵"病态的"二叉树，其高度不是$\log_2 n$，而是更接近n，从而使其优势体现不出来了。下面的内容即是针对这种问题的一个解决方案。

四、平衡二叉树上的查找与插入

目标很明确，就是希望二叉树的高度总保持在$\log_2 n$量级。途径也清楚，就是允许插入操作适当复杂一些。每当做插入的时候，不仅要保持搜索二叉树节点间的数值关系正确，还要根据需要对二叉树的结构做平衡调整，保证每一个节点左、右子树的高度之差不超过1。我们称这样的二叉树为"平衡二叉树"。

以图2-1中的4棵二叉树为例，图2-1(c)就是不平衡的，因为节点3的左子树高度为0，右子树的高度为2，高度差超过了1。同时，图2-1(d)是一棵平衡二叉树，它的内容和图2-1(c)完全一致，结构上则有局部调整(节点6的左子树)。如何在图2-1(c)的情况出现时做代价不大的调整以达到图(a)的结果，就是下面要讨论的问题。

以一棵平衡二叉树为基础，按照前述搜索二叉树的方式，在插入一个新节点后，每一个节点将具有如下五种状态之一：

(1)两棵子树的高度一样，称为完全平衡，用0表示。

(2)左子树高度比右子树高1，称为左沉(但依然平衡)，用-1表示。

(3)右子树高度比左子树高1，称为右沉(但依然平衡)，用+1表示。

(4)左子树高度比右子树高2，称为左失衡，用-2表示。

(5)右子树高度比左子树高2，称为右失衡，用+2表示。

以图2-1(c)为例,对应节点6、3、7、5、9、4,就有-1、+2、+1、-1、0、0。而在图2-1(a)中,节点7的状态为+1,其他节点的状态都是0。显然,插入一个节点后,若每个节点都处于0、-1或+1状态,就不需要做任何事情。调整发生在有节点的状态变成了-2或+2时。

如果一个节点(X)的状态变成了+2(-2的情况对称,只需要把下面两点描述中的"左"和"右"互换即可,此处从略),那么有两种情况需要考虑:

第一,若X失衡的原因是其右子树的右子树上插入了一个节点,则令X的右儿子(Y)为根,令X为Y的左儿子,同时令Y原先的左子树为X的右子树。这个操作称为"左旋"。

第二,若X失衡的原因是其右子树的左子树上插入了一个节点,对应图2-1(c)中的节点3,那就先以右儿子(Y)为轴做一个"右旋",让它的左儿子"上位"(成为这棵子树的根节点,即占据原来节点5的位置),接着再以X为轴做一个"左旋"。图2-1(c)据此操作后即变成图2-1(a)。

按照这种方法得到的二叉搜索树(平衡二叉树)称为"AVL树",也是最早(1962年)被发明出来的一种平衡二叉树,它保证了树高为$O(\log_2 n)$,于是前面提到的"病态"情况不再出现,查找操作的效率得以保持为$O(\log_2 n)$。其代价则是要记录节点的平衡状态(包括增加了数据结构的复杂性和每次插入一个节点后的状态更新),以及根据状态做上述平衡调整。其中,平衡调整本身是常数量级的操作,但节点平衡状态维护的计算量是和树高$\log_2 n$成比例的。综上,对于带插入功能的查找操作,可以得到以下结论:①基于列表的效率为$O(n)$,无论元素有序还是无序;②采用搜索二叉树,理想效率为$O(\log_2 n)$,但很可能做不到;③而采用AVL树,效率保证为$O(\log_2 n)$。

以上4种算法除了在目标追求上有递进的关系外,还有一种技术上的共性,即在算法过程中始终要保证数据结构上某种性质的满足。在对分查找中,要保证列表元素有序;在搜索二叉树查找中,要保证任何时候都满足搜索二叉树上节点位置与元素值大小的特定关系;在平衡二叉树查找中,则除了搜索二叉树的性质外,还要保证二叉树的平衡。如果这些性质不能得到一致的保证,算法就失去了正确的基础。一些计算代价正是为了得到这些保证而付出的。

第二节 排序

我们已经知道在排好序的文档中搜索,效率会比在没有排好序的文档中高得多。任何数据处理系统中都可能会用到排序算法,且可能频繁使用,因此,排序的效率尤为重要。

排序一般是根据输入数据对象的关键字进行的。关键字均取自某全序集,全序集是指其中任意两个元素均可"比大小"的集合。排序算法将输入元素按照定义的顺序要求输出。为了简单,我们假设输入元素均为正整数(对象即关键字),编程时可以采用一维数组或 List 结构。且序列中不含相同元素,任意两个元素比较一定有大小之分。输出为严格递增序列。[①]

如果关键字的值是不可分解的,算法能够执行的基本操作只是比较两个关键字的大小。这样的排序算法称为"基于关键字比较的算法"。下面主要讨论此类算法(Python 等语言库函数提供了针对 List 结构的排序功能,可以直接调用。此情况不在本文考虑范围内)。

一、冒泡排序算法

冒泡排序算法的基本思想可以用图 2-2 表示。

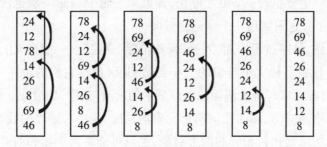

图 2-2　冒泡排序算法

图中最左边的是输入序列(从下向上)。我们总是试图找出当前待处理区域中的最大元素,将它放到最高位置。这就像水中的气泡往上冒一样,所以称为冒泡排序。开始时待处理区域是整个序列。我们从最下面的位置开始依次向上做比较操作,一旦发现"逆序",即上下位置与元素大小相反,就做一次"互

---

①郭红涛. 典型计算机算法的分析 设计与实现[M]. 北京:中国水利水电出版社,2016.

换"。图中的箭头表示连续执行"互换"的结果。已经放置到正确位置的元素用粗黑体表示。新一轮操作中这些位置不再包含在待处理区域中。重复执行上述过程，直到待处理区域只含一个元素为止。整个过程可描述如下：

```
def swap(a,b)        #交换两个变量的值
    t=a
    a=b
    b=t
def max(A, k)        #将序列A前k个元素中最大的一个放入位置k-1
    i=0
    while i<k-2
    if A(i)>A(i+1)
        swap(A(i),A(i+1))
        i=i+1
        bubble_sort(A)     #A是输入的序列
        k=len(A)
        while k>0
        max(A,k)
        k=k-1
```

循环不一定要执行到k=0才停止，如果某一轮中swap一次也没执行，算法就可以停止了。这只需用一个标记变量即可。

前面提到，排序过程中用"互换"操作消除"逆序"。一般意义上的"逆序"，即两个对象位置下标大小与值的大小正好相反（也称它们的位序与值序不一致）。排序过程可以理解为消除输入序列中的所有"逆序"的过程。如果输入的数据值是严格递减的，那么任何两个元素均构成"逆序"，逆序的数量为 $O(n^2)$。冒泡排序算法总是比较相邻的两个对象，也只可能将两个相邻的对象"互换"。这意味着每次比较最多消除输入中的一个"逆序"。因此，最坏情况下算法执行的比较次数为 $O(n^2)$。考虑随机输入使得任一处理区域中最大元素出现在任一位置的概率相等，很容易推知平均比较次数仍是平方数量级的。

理论分析告诉我们，基于关键字比较的排序算法的比较次数不可能比 $O(nlogn)$ 更好，换句话说，如果算法的效率能达到 $O(nlogn)$，也就是最优了。那么冒泡算法与最优的差距有多大呢？粗略地说，如果在特定计算环境下对100万

个数据排序,某个 O(nlogn)的算法需要 1 s,O(n²)的算法可能需要 10 h 以上。

二、快速排序算法

快速排序可能是应用最广的排序算法,其基本思想是将输入分解为两个规模较小的子问题,递归求解。算法首先调用函数 partition,以一个任选的元素为标杆,将比标杆小的元素放入子集 small,大的元素放入子集 large。partition 返回值是针对这样的分割,标杆元素应该处于的位置 splitPoint。

快速排序的过程如下:

QuickSort(A,first,last)　#A 是输入序列,处理范围[first,last]

if first<last　　#first=last 是递归终止条件,

　　　#即处理范围内仅含一个元素

　　　pivot=A[first]　#选择处理范围内第一个元素为标杆元素

　　　splitPoint=partition(A,pivot,first,last)　#完成描述的功能

　　　A[splitPoint]=pivot　#标杆元素放入正确输出位置

　　　QuickSort(A,first,splitPoint−1)　#small 通过递归排好序,

　　　#放入正确输出位置

　　　QuickSort(A,splitPoint+1,tail)　#large 通过递归排好序,

　　　#放入正确输出位置

接下来讨论如何实现 partition。选第一个元素做标杆是随意的,因为输入的随机性,选任意元素效果是一样的。给定标杆,通过比较大小分出两个子集似乎很容易,但我们希望在"原地"操作,也就是说不用额外的存储空间(除了标杆本身),这需要一些技巧。

在 partition 执行期间始终保留一个空位,执行过程包含一个扩充 small 的过程与一个扩充 large 的过程,从 large 开始交替进行,同时空位也交替地出现在左或右。

每一次扩充过程的终止条件为发现应该移动的元素或者遇到空位,如果是后者,则整个 partition 执行完成。

扩大子集 small 的过程可以定义如下:

def extendSmall(A,low,highVac,pivot)

i=low

lowVac=highVac　#下面的循环中可能找不到该属于 large 的元素

```
while i<highVac
if A[i]>pivot
    A[highVac]=A[i]
    lowVac=i
    break
    i=i+1
return lowVac
```

扩大子集 large 的过程与 extendSmall 是对称的,读者可自行完成。基于这两个函数,分割子问题就可以由下述函数实现了,函数返回值即标杆元素在解中的位置。过程如下:

```
def partition(A,pivot,head,tail)    #head 与 tail 为在输入序列中的实际处理段
low=head
high=tail
while low<high
    highVac=extendLarge(A,pivot,low,high)
    lowVac=extendSmall(A,pivot,low+1,highVal)
    low=lowVac
    high=highVac−1
return low
```

快速排序避免了冒泡排序中只比较相邻元素的局限,那么其效率如何呢?递归算法的效率与需要递归的次数密切相关。一般而言,子问题规模下降快的话就会更快遇到终止条件,使递归次数下降。

设想输入序列中数据严格递增,从人的观点看根本不需要计算,直接输出就是了。但是算法看不出这一点,选中的标杆恰好是最小元素,于是两个子问题一个是空序列,另一个规模比原输入只少一个元素。在这种原始输入数据条件下,每次递归都会遇到同样的情况。每次递归划分子问题执行比较操作次数为 $O(n)$,因此,最坏情况下快速排序的代价仍然是 $O(n^2)$。

其实这种极端情况出现的概率很低,实际经验与概率推导都表明,在应用中快速排序完全可以达到 $O(nlogn)$ 的时间复杂度,而且快速排序算法几乎不需要额外存储空间,其他额外开销也很少,所以应用广泛。

前面提到过任一元素作为标杆时碰到最坏情况的概率是一样的(尽管各自

的最坏输入不一样），但有个简单办法可以使碰到"最坏"输入的概率大大降低，即随机从输入序列中选3个元素，用大小居中的元素作为标杆。注意，不管如何选，调用partition时总让空位在首位。

三、合并排序算法：均衡分解子问题

快速排序在最坏情况下的表现不佳是由于两个子问题可能大小悬殊。如果我们采用递归方法时设法使两个子问题大小几乎相等，是否会得到更好的算法呢？

最简单的实现均衡分解的做法就是一切两半。为了简单，假设输入序列长度为2的整次幂，即$n=2^k$，经过$k=\log n$轮分解，子问题规模为1，递归终止。合并排序过程非常简单，具体程序如下：

Mergesort(A,first,last)　　　#first<=last

if (first<last)　　　　　　#first=last是递归终止条件，

　　　#子问题只含一个对象

　　　Mid=(first+last)/2　　#为简单计，这里假设总是能整除的，

　　　#一般情况也很容易处理

　　　Mergesort(A,first,mid)

　　　Mergesort(A,mid+1,last)

　　　Merge(A,first,mid,last) #合并过程，按照上述思想读者很容易

　　　#自行实现

显然，合并过程中每比较一次至少有一个元素进入合并区，所以合并的总比较次数不会超过合并区的大小。合并总共进行$k=\log n$轮，每轮合并区的总规模为n。分解每个子问题的代价显然是常量，所以合并排序最坏情况的时间复杂度为$O(n\log n)$，平均复杂度也不会更高。但合并排序的应用远不如快速排序，对比前面讨论快速排序时讲到的一个优点，合并排序有个明显的缺点：合并不能在"原地"进行，需要$O(n)$的额外存储空间。

并非所有的排序算法都是基于关键字比较的算法。有时候输入可能满足一些特别的条件，比如，输入对象的关键字是十进制表示的自然数，关键字可以分解为"位"。比较未必非得对整个数值进行，也可以逐位比较。还有些应用中我们可以预先知道关键字值的上下界，这些条件可以利用来设计出线性代价的排序算法。

有些读者可能非常好奇:即便限于关键字比较算法,以后完全有可能出现更好的方法。现在怎么能确定不可能比 $O(nlogn)$ 更好了呢? 确实,对于大多数问题,判定算法的"最优"往往很困难,但对于基于关键字比较的排序算法,复杂度下限可用图2-3来理解。

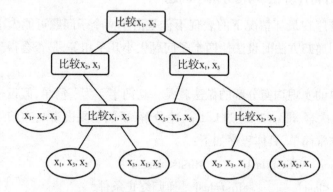

图 2-3　排序算法复杂度下限证明的思路示意

这里的下标1、2、3并没有任何特殊意义,所以这个图适用于一切对长度为3的序列的排序过程。图中分支节点(矩形)表示一次比较操作。在输入对象均不相等的假设下这是完全二叉树,左右两个子节点分别对应于"＜"和"＞"两种结果。而叶节点(椭圆)对应于一种特定的排列,也就是排序问题的解。对任一输入,从根节点开始对关键字进行比较,并根据比较结果决定下一个操作。如果遇到叶节点,则算法终止,输出相应结果。图中叶节点显示对象递增的次序,由于输入是随机的,解可能是输入序列的任意一种(重新)排列。而n个元素的序列可能的排列方式有n! 个,所以对长度为n的输入,类似的算法树至少有n! 个叶。而最坏情况下算法复杂度的下限是图2-3中从根到叶的最长路径的下界,当整个树是完全平衡树时这个下界最小,为 $log(n!)$,而 $log(n!) \in \Omega(nlogn)$。

第三节　连通

前面讨论了求欧拉回路的弗罗莱算法,其中初次涉及了若干图论中的术语。由于图论中的图是现实中许多事物(例如网络)的一种自然的模型,因此,以图为对象所形成的算法成为计算机算法"百花园"中极其重要的组成部分。

这不仅因为它们足够丰富,还因为它们引人入胜。其中,连通在许多场合都是一个中心概念。例如在弗罗莱算法中的每一步,要求删去的边不能是桥(除了一种特殊情况外),本质上就是要避免不连通。

如何判断一个图是否连通? 在图示的情况下,如果图的规模很小,目测是容易看出来的,如图2-4(a)所示,一看就知道是连通的。如果规模很大,目测就很困难了。如图2-4(b)所示,规模并不大,但要看出它是不是连通的,以及它的连通分量的个数,就得稍微思考一下了。

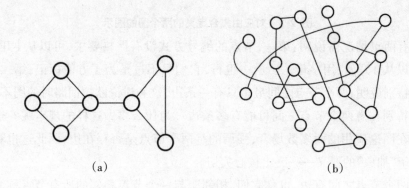

(a)   (b)

图 2-4 观察连通性的两个图示

更重要的是,计算机在图上进行操作的时候,并不像我们这样一览无余地"看见"图,而是要处理所谓的"图数据",也称为图的数据表示。这体现了形象思维与抽象思维相互转换的一个意象。

下面从图的计算机表示出发,以判断一个图是否连通为目标展开讨论,旨在通过这样一条简单的线索,让读者从数学和计算机处理两个方面对图的含义形成比较深刻的认识,尤其是体会数学概念和计算机处理之间的互动。熟悉这类互动是高效理解算法的基础,也会让我们后面关于算法的讨论更加顺畅。

一、与连通相关的基础概念

前面提到过,节点和边是图的两个最基础的要素,可用两个集合方便地给出。例如,V={1,2,3,4}和E={(1,2),(1,3),(1,4),(2,3),(3,4)}就定义了一个图,它的图示如图2-5(a)所示;而V={0,1,2,3,4}和E={(0,1),(0,2),(0,3),(0,4),(1,2),(2,3),(3,4)}也定义了一个图,它的图示如图2-5(b)所示。

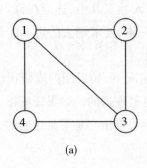
(a)

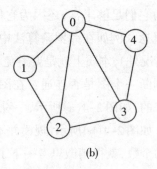
(b)

图 2-5　对应由集合定义的两个图的图示

　　有两点情况需说明：第一，节点的编号方式没有严格要求，可以从1开始，也可以从0开始，用字母a，b，c，…也行，它们只不过是为了方便标记；第二，若不做特别说明，两个节点之间最多只有一条边，这和讨论欧拉回路时的图不同，那里特别在意两个节点之间可能有多条边。为什么要做这样的规定呢？这是因为在图论应用的大多数场合，强调的是两个节点是否存在边，因此这也算是体现了"抽象"的要义——突出核心关切。

　　两个节点之间有边，也称它们"相邻"，与一个节点相邻的所有节点称为它的"邻居"（集合）。例如图2-5(b)中节点2的邻居是{0，1，3}。一个节点的邻居个数也称为它的度数。

　　下面定义与连通相关的三个概念：道（walk）、径（trail）、路（path）。

　　"道"指的是一个节点序列，其中，每两个相邻节点都对应图的一条边（也称为它们之间有边）。例如，图2-5(a)中，"1，2，3，4，3，1，2"就是节点1和2之间的一条道，而"1，2，4，3，2"就不是，因为其中相邻的节点2和4之间没有边。注意，道中的节点和边都可能重复。

　　"径"就是边不重复的道。例如，图2-5(b)中"1，0，3，4，0，2"就是一条径。而图2-5(a)中的"1，2，3，4，3，2，1"就不是径，因为(1，2)边和(3，4)边都重复了。欧拉回路和欧拉通路就是径。

　　如果节点也不重复（边也肯定没有重复），那就称为"路"。例如，图2-5(b)中"1，2，0，3，4"就是一条路。前面例子中的径就不是路，因为节点0重复了。一种特殊允许的情况是首尾两个节点相同，称为圈。

　　与道、径、路相关的一个共同属性是"长度"，等于其中边的条数。长度是区别运用这几个概念的关键。例如，可以说"1，2，3，1，3，2"是图2-5(a)中节点1

和2之间的一条长度为5的道;也可以说"1,3,4,1,2"是图2-5(a)中节点1和2之间的一条长度为4的径;还可以说"1,3,2"是图2-5(a)中节点1和2之间的一条长度为2的路。

掌握了上面这种概念的区分对于算法学习很有意义,能避免不少困惑。假设节点序列的两个端点是不相同的,试辨析下列说法的正误:

判断一:路就是径,反之不然;径就是道,反之不然。

判断二:如果两个节点之间存在一条道,则必存在一条径,也存在一条路;反之亦然。

判断三:两个节点之间若存在一条路,则它们之间存在有穷条路、有穷条径(可能多于路的条数)、无穷条道。

答案如下:

判断一正确。定义中表述的正是这个意思。路是节点不重复的径,径是边不重复的道。

判断二正确。判断一实际上已经回答了"反之亦然"部分,即有路就有径,有径就有道。现在假设有一条道(节点序列)。如果其中节点有重复,则将两个相同节点之间的节点以及相同节点之一全部删去,得到的依然是原先两个节点之间的一条道,如此总可以得到一条无重复节点的道。而如果节点没有重复的,那就是一条路了,同时也是径。

判断三正确。前面我们假设了只考虑节点和边集合都是有穷集合的情形。由于路中节点是没有重复的,且节点集的子集元素的排列个数是有穷的,因此两个节点之间的路不会有无穷条。类似地,由于径中的边是没有重复的,且边集的子集元素的排列个数是有穷的,因此,两个节点之间的径不会有无穷条。至于无穷条道的存在则是显而易见的。

有了上述判断,我们就可以定义:一个图是连通的,当且仅当其任意两个节点之间都存在一条路(径、道;通路、路径、道路)。括号里面的前两个是等价的说法,后三个也是常见的说法,其中的用语可以理解为这里定义的路、径或道。

理解了这个定义,立刻就有:一个图是连通的,当且仅当其任一节点与其他所有节点之间都存在路(径、道;通路、路径、道路)。在判断图是否连通的算法中,常用的是这个认识,而不是原始定义。

进一步地,我们说一个不连通的图包含多个连通分量。每个连通分量为其中尽可能大的连通子图。

二、图的表示

在计算机(程序)内部,图有多种表示方法。最常见的是通过数组表示的"邻接矩阵"和对应节点邻居集合的"邻接表"。[①]

在邻接矩阵表示法中,一般总是假设图的 n 个节点按照 $0,1,2,\cdots,n-1$(或 $1,2,3,\cdots,n$)编号,用一个 n×n 整型数组 A 来表示矩阵,其中的元素记作 A[i,j]或 a_{ij},定义如下:

$$e_{ij} = \begin{cases} 0, & \text{如果节点i与节点j之间没边} \\ 1, & \text{如果节点i与节点j之间有边} \end{cases}$$

由于我们现在只关心无向图,所以 A 是对称的,即 $a_{ij} = a_{ji}$。

第四节 数据压缩

以数字化和网络化为技术标志的信息化社会,数据越来越多,单个数据体的规模越来越大。三十年前,谈到数据文件的大小,人们主要谈 KB;二十年前,MB 流行起来;十年前,GB 已进入日常视野;现在,TB 也已司空见惯。

随着应用数据规模日益扩大,存储技术和通信技术也在不断改进。在它们之间缓冲的,则是数据压缩技术。日常人们接触更多的当数各种文件压缩软件了。每个文件压缩软件背后都是某种压缩技术,常常基于某种公开的规则。

数据压缩的目的,是要用较小的空间(数据量)准确或近似表达原本在一个较大空间里表达的信息。各种压缩技术中的规则,本质上都是算法。[②]它们将输入数据变换为规模较小的输出数据。无损压缩意味着可以从结果中完整恢复原始数据,例如文本的压缩。有损压缩则允许原始信息在结果中有所丢失,当然应该在可以接受的范围内,例如图像或视频的压缩。以下只讨论无损压缩。

数据是信息的表达或编码。一个数据可以被压缩,一定是它表达所蕴含信息的效率不足够高,或者说有冗余。下面讨论文本数据的压缩。所谓文本数据,即有一个预先知道的有限字符集 C,任何文本 T 都是由该字符集中的字符构

①胡书丽. 启发式搜索算法求解组合优化问题的研究[D]. 长春:东北师范大学,2019.
②邱福恩. 人工智能算法创新可专利性问题探讨[J]. 人工智能,2020(04):47-55.

成的字符串,可能很长很长。压缩的对象是T,但可以运用C的知识(例如其中有多少个字符)。例如,一篇文章除去插图后,就是一个字符串(T),它的字符源于一个包含汉字、英文字母、标点符号、空格、换行等字符的字符集(C)。

数据压缩的概念和实践,至少有500年历史。由于数据压缩既有实用性,又呈现引人入胜的智力挑战,几百年来不断有人尝试新的思路。有些思路简单奇妙,例如下面这样一个例子:

设字符集C有40个字符(虽然很少,但已经相当实用了,例如可包含26个英文字母、10个数字、3个标点和1个空格)。在不考虑压缩的情况下,常规就是每个字符用1个字节编码。如果注意到40^3=64000 < 65536 = 2^{16},就会发现有机会了:对于任何字符串T,总是可以将它的字符按顺序3个一组,那么全部可能一共有$40^3 < 2^{16}$种。于是我们可以用2字节即16位给这种"三元组"完整编码。也就是说,本来需要3个字节表示的信息,现在用2个字节就够了,于是压缩比为3/2 = 1.5,而且与T的具体内容无关。

现在人们常谈计算思维,计算思维有一个特征叫"系统观"(或系统思维),它对有效理解一些具体技术很有帮助,有些类似于树木和森林的关系。有了这种观念,在理解林林总总的数据压缩算法细节时就不会迷失方向。图2-6是理解数据压缩问题的一种系统观。理解一个算法为什么能有效工作,与对这样一个"系统"的理解直接相关。例如,其中的"相关知识"指的是什么?它为什么既和编码有关,也和解码有关?从上面讨论的例子来看,它至少要包括字符集C,以及2个字节与3个连续字符的对应关系。一般地,就是要有字符集和"码表"。

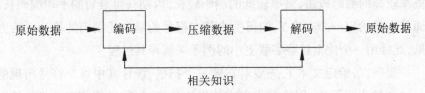

图 2-6　数据压缩问题的系统观

前面例子的一个重要特点是它的压缩比是固定的(1.5)。好处就是它提供了一个保证,无论什么文本,都会是这个样子。不尽如人意之处就是它没有利用文本自身可能对压缩有帮助的特点。例如,叠字联:"重重喜事,重重喜,喜年年获丰收;盈盈笑语,盈盈笑,笑频频传捷报。"(32个字),我们能感到某种"冗余"。其中有些字(符号)多次用到,有些则只用了一次。如果按照每个字符1

个字节编码,需要32字节＝256位,若按照前面例子中的算法编码,这里是11组,于是需要22字节＝176位。下面重点介绍哈夫曼编码算法,充分利用文本自身的特点,对这个例子能给出表2-1所示的压缩编码结果,总共只需4×3+4×3+4×3+3×3+3×4+2×4+2×4+10×5=123位。

表2-1 哈夫曼编码一例

字符	重	,	盈	笑	喜	年	频	事	获
频率	4	4	4	3	3	2	2	1	1
编码	100	010	011	001	1110	1000	1001	10100	10101
位数	3	3	3	3	4	4	4	5	5
字符	丰	收	;	。	语	传	捷	报	
频率	1	1	1	1	1	1	1	1	
编码	10110	10111	11000	11001	11010	11011	11110	11111	
位数	5	5	5	5	5	5	5	5	

哈夫曼编码是David A.Huffman于1952年发明的一种无损编码方法,当时他还是MIT(麻省理工学院)的一个学生。观察表2-1中第三行的编码数据,可以看到不同字符用到的位数有所不同,这种方式称为可变字长编码。

该方法的思路很自然,它依据符号在文本(T)中出现的概率(频率)来编码,让概率较高的编码较短,概率较低的编码较长,以期获得最短的平均编码长度。下面就来看给定一个文本T,如何生成其中符号的哈夫曼编码的算法。为方便起见,此处用一个比上述叠字联更小的例子来解释其过程。

一般而言,给定文本T,先要对它做一个扫描,统计其中每个符号出现的频次。这个过程很简单,用哈希表来支持做这件事,时间效率相对于T的长度就是线性的。哈夫曼编码算法,则是基于上述过程的结果展开的。

给定字符集合 $C = \{C_1, C_2, \cdots, C_n\}$ 和对应出现的频次 $f = \{f_1, f_2, \cdots, f_n\}$,要将C中的字符编码,使得总码长尽量短,即若以 L_i 表示 C_i 的编码长度,追求 $\sum f_i L_i$ 的极小化。

例如,文本串"SHA HGH SHS HSH HAA"中一共有19个字符(空格也是字符)。若用ASCⅡ码,每个字符1个字节,整个码长就是19×8＝152(位)。有办法提供一种不同的编码,缩短总码长吗?

前面已经提到,哈夫曼编码的基本思想是让出现频率高的用较短的码,低的用较长的码,从而减小 $\sum f_i L_i$。对上面这个例子而言,有5种不同的字符,S出现4次,H出现7次,A出现3次,G出现1次,空格出现4次,可得字符频度对应表(表2-2)前两行所示。继续应用这种基本思路,给出表2-2第三行所示编码。

表 2-2 字符频度对应表

符号	H	S	空格	A	G
频率	7	4	4	3	1
编码	0	1	00	01	11
位数	1	1	2	2	2

没错,每个符号对应一个唯一的编码,于是上面例子的总码长就是:

$7×1 + 4×1+4×2+3×2+1×2=27$ 位

这可比按照 ASC Ⅱ 编码的152位少太多了。即使不用 ASC Ⅱ 编码,对这5个符号用3位定长编码,那总码长也需要 $19×3 = 57$ 位。但是,细心的读者马上会意识到一个问题,按照这种编码方式,那文本"SHA HGH SHS HSH HAA"的编码就是:

100100011000101000100000101

回顾图2-6所示的系统观,如果其中的"相关知识"就是表2-2第一行和第三行给出的码表,你能从这个0/1串中解码出"SHA HGH SHS HSH HAA"吗?你会说,那第一个1不就代表S吗?可是,后面连着的两个0到底是代表两个H还是代表一个空格呢?

这就出现了"前缀码"问题,即有些字符的编码是其他字符编码的前面一部分(前缀)。例如,H的编码0就是空格编码00的前缀。这样的编码单个看没问题,放在一起解码时就会有二义性,是不能接受的。这是不定长编码必须克服的一个基本问题。所给出的码字不能出现一个是另一个前缀的情况,下面看看哈夫曼编码是怎么做的。

给定字符集合和频数集合,哈夫曼编码的过程可以形象地看成自底向上建立一棵二叉树的过程。每个叶节点对应一个待编码的字符,该二叉树的每一条边用0或1标记。一旦这棵树建立完成,叶节点(也就是字符)的编码就是从根到达它的每一条边上标记的序列。这样,一个叶节点离根越远,它的码字就越长。因此,建树过程是哈夫曼编码算法的核心,如下所述。

从字符频数集合 f = {f_1, f_2, ⋯, f_n} 开始,不妨想象它们是某棵二叉树的 n 个叶节点,每一次取其中最小的两个,f_i 和 f_j,向上形成二叉树的一个"内部节点",命名为 f_{ij},让它也有一个频数 $f_{ij} = f_i + f_j$,放到 f 中,同时从 f 中去掉 f_i 和 f_j。如此这般继续考察 f,不断形成新的内部节点,可以由两个叶节点、两个内部节点或一个叶节点和一个内部节点产生,完全取决于 f 中元素的频率值,直到最后剩两个元素,构成树根。在这个过程中,不难想象每次都有两条向上的边,将它们一个标记 0,另一个标记 1。

为了强调二叉树建立的意象,在下面的算法描述中引入了"节点"(node)的概念,将它看成一种抽象数据,包括 node.value,node.left 和 node.right 几个要素。哈夫曼树,就是由若干相互关联的节点构成的集合,记为 H。算法描述如下:

#输入: n 个字符 C = {C_1, C_2, ⋯, C_n};
#n 个字符出现频次 f = {f_1, f_2, ⋯, f_n}
#输出:一棵哈夫曼树 H,
#其中的节点包含值 value、左子节点 lchild 及右子节点 rchild 属性

```
1 for i=1 to n:      #用初始频数值创建n个叶节点
2     node[i].value←fi
3     node[i].lchild←φ
4     node[i].rchild←φ
5     H←H + node[i]
6 k=n+1          #准备自底向上添加中间节点
7 while f{} has more than one element:
8     get two lowest frequencies fi&fj from f{}
9         node[k].value←fk = fi + fj
10        node[k].lchild←node[i]
11        node[k].rchild←node[j]
12        H←H + node[k]
13        delete fi&fj from f{}
14        add fk to f{}
15    k + +
```

树建好以后就可以生成每个字符的编码了。从根节点开始,采用深度优先搜索算法即得。例如,约定从一个节点到左子节点的边的标号为0,往右子节点的为1,按序记住搜索路径边上的编号,每到达一个叶节点就相当于完成了一个字符的编码。

我们用表2-2的例子"SHA HGH SHS HSH HAA",根据表中前两行符号与频次的对应关系,运行上述算法,得到的哈夫曼树如图2-7所示。

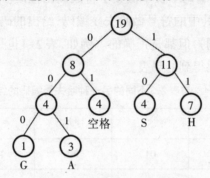

图 2-7 哈夫曼树的一个例子

基于该树,得到每个符号的哈夫曼编码(码表)见表2-3。

表 2-3 按照哈夫曼树生成的字符编码

符号	H	S	空格	A	G
编码	11	10	01	001	000
频率	7	4	4	3	1
位数	2	2	2	3	3

按照这样的编码,"SHA HGH SHS HSH HAA"就是:

101100101110001101101110011110110111001001

其长度 = 7×2 + 4×2 + 4×2 + 3×3 + 1×3 = 42,比前面那个有问题的27要长不少,但与最节省的3位等长码相比也要好不少(42/57≈73.7%)。现在你要想的是,如果给你这样一长串码和表2-3前两行所示码表,你能准确无误地给出(解码出)"SHA HGH SHS HSH HAA"吗?

这是一个正确的算法吗?看建树过程,while循环为什么能够结束?假设n≥2,那么开始总能在f中找到两个元素,使循环的第一轮进行下去。我们看到,每一轮循环在第13、14行,f都是增加一个元素,减少两个元素,即净减少一个元素,做了n-1次后,其中就剩下一个元素了,循环不再执行,程序结束。也就是说,恰好执行n-1次,创建了n-1个非叶节点(这与满二叉树的性质是相符的,即n个叶节点的满二叉树有n-1个非叶节点)。最终在H里面就有2n-1个节点,循环中新节点的创建部分让我们看到那些节点之间的关系是满二叉树。

由于具体实现细节不同,得到的哈夫曼编码可能不唯一,但其$\sum f_i L_i$是一样的,而且都有高频字符编码不长于低频字符编码的性质。也就是说,对同一个字符串T,不同的人对其中的符号做哈夫曼编码,给出的码表可能是不同的(从而对T的编码也就不同),但都是正确的。例如,表2-4也是一个对我们例子中的符号进行哈夫曼编码得到的码表。

表 2-4   与表2-3不同的另一种哈夫曼编码的结果

符号	H	S	空格	A	G
编码	10	01	00	111	100
频率	7	4	4	3	1
位数	2	2	2	3	3

此时"SHA HGH SHS HSH HAA"的编码就变成(长度还是42):

0110111001011010000110010010011000101111111

为什么哈夫曼编码是无前缀码?这从哈夫曼编码树的定义及编码生成的过程容易看到。首先,由于二叉树的节点有层次,以及每个节点两个分支上的标记不同,每一个叶节点的编码就是唯一的。由于编码都是针对叶节点的,于是从根节点到一个叶节点的路径就不可能是另一条路径的前缀,即一个字符的编码不可能是另一个字符的前缀。正确性的另一方面是问如此产生的编码是否最优,即在无前缀码的条件下,$\sum f_i L_i$是否不可能更小。结论是肯定的,此处不再证明,有兴趣的读者可自行参阅文献。

这个算法的效率如何呢?在建树部分,基本就是一个两重循环。外循环执行n-1次,内循环就是在f中找两个最小的元素,于是可以说复杂度为$O(n^2)$。在码字生成部分,深度优先遍历一棵有n个叶节点的二叉树,复杂度为$O(n)$。这里请读者注意,如果在生成哈夫曼树的过程中保留适当的信息,一旦完成,可以直接输出码表,后面这个码字生成的步骤就可以省去了。

另外,前面提到应用哈夫曼编码还有一项前期预处理工作,即对原始数据

(字符串)进行扫描,得到字符集 C 和频次集 f,其时间消耗与原始数据量(即 T 的长度)成正比。

那么哈夫曼编码"缺点"呢? 回到图 2-6 所示的系统观,假设有 A 和 B 两个人,A 总会有一些文本发送给 B。他们决定采用数据压缩的方式。A 将文件压缩,发送给 B,B 解压后得以看到原文。如果采用哈夫曼编码,每次 A 发给 B 的不仅是压缩后的文件,还要有类似于表 2-3 或表 2-4 前两行那样的码表。这是因为,按照我们描述的算法,输入是字符出现的频次表,那是取决于具体文本的。这意味着,同样的字符,在文本 T1 和 T2 中对应的编码很可能不一样。于是,B 为了能够解压,既需要有压缩后的文本,还需要有与该文本相适应的码表(对应图 2-6 中的"相关知识")。由于码表本身也要占存储、占带宽,若文本不足够大,综合起来就不一定合适了。这种情况在最开始提到的那个小例子中就不会出现,B 只要最开始收到一次码表就可以了,之后用的都是相同的。

在实际中应对这样一种状况的方法是假设人们生成的文件,尽管内容会各种各样,但用字的频率分布是基本稳定的(大量统计表明的确如此),于是就可以一次性确定字频表,生成哈夫曼编码,用于后面所有文件的压缩。这样,哈夫曼树只需要构建一次生成一个码表,而接收方也就不用每次都需要接收新的码表了。可以想到,这里的代价就是损失一些压缩比。

第五节　最短路径

在道路网络中确定起点到终点的最短路径的问题,可以抽象为一个有向图模型。图中每个节点表示一个"路口",对任意节点 u、v,存在 uv 边当且仅当从 u 到 v 有"路段"直接相连(中间没有其他路口)。也可以建立无向图模型,则任一条边对应于双向可通行的路段。

一、用广度优先搜索(BFS)算法求解

先来考虑有向图模型上一种最简单的情况:假设每个路段长度均为 1,那么,从 u 到 v 最短路径的长度即为所有 uv 路中包含的边数的最小值,也称为从 u 到 v 的距离。

假设房间的角上有个水龙头,其所在位置是房间地面的最高点,地面高度

向房内其他地方极其平缓地均匀下降。将水龙头开到适当大小,水会在地面以扇形缓缓漫开。如果每间隔固定时间段记录一次漫水区域的边界,最终将看到一道道大致平行的弧线。它们反映了边界上的点与水龙头位置的大致距离。

在图中遍历所有节点的常用算法包括"深度优先(DFS)搜索"与"广度优先(BFS)搜索"。从上面的类比中很容易想到,考虑点与点的距离时应该采用广度优先算法。

图2-8给出了一个简单的例子,指定a为起点,则广度优先搜索生成的BFS树可能如图2-8(b)所示。

图2-8(b)中每个节点名称旁标的数字表示从起点a到该点最短路径长度。在广度优先搜索过程中,距离a较远的节点被发现的时间一定晚于较近的节点。

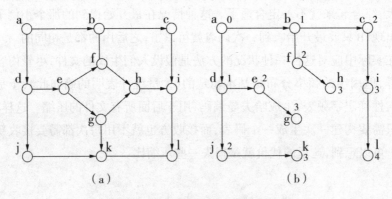

（a）　　　　　　　　　　　　　（b）

图 2-8　在有向图上做广度优先搜索

这个例子显示了广度优先搜索过程与最短路径的关联。由此在每条边长度均为1的假设下,可以用广度优先搜索算法来解最短路径问题。

为了体现前面的类比中漫水区前缘均匀推进,算法用队列Q放置当前已经"看见"并等待处理的顶点。队列"先进先出"的特性恰好符合均匀推进的需要。每个节点有两个参数:d表示从起点到该点的距离,初始值为∞;p表示在生成的BFS树中该点的"父节点",初始值为nil。算法过程如下:

BFS(G,s)　　　　　#G是有向图,s为图中指定的起点,

　　　　　　　　　　#s到图中其他任意节点均有向通路

对除s以外的所有节点初始化#状态标为"未发现",

　　　　　　　　　　#d值置为∞,p值置为nil

对s初始化　　　　　#状态标为"已发现",d[s]=0,p[s]=nil

将队列Q置为空

enqucuer(Q,s)　　　　#对象 s 进队列 Q

while Q 非空：

u=dequcuer(Q)　　　#队列 Q 首部对象出队列,成为"当前顶点"u

for u 的所有相邻顶点 v：

if v 状态为"未发现"：

　　　　将 v 的状态改为"已发现"

　　　　d[v]=d[u]+1

　　　　p[v]=u

　　　　v 进队列 Q

　　　　for 所有顶点 v：

　　　　按照 d[v]输出从 s 到 v 的最短路径长度

　　　　按照 p[v]逆向构造从 s 到 v 的路径

　　广度优先搜索算法对图中每个节点只"发现"一次,在搜索所有节点的邻接表过程中每条边只处理一次,因此算法的时间复杂度为 O(m+n)。[①]读者不妨用前面的例子模拟一下队列操作的全过程,这样对广度优先搜索算法会有更清楚的理解,并能理解为什么算法结果是正确的。

　　在实际应用中要求每条边长度为 1 是不合理的。根据应用的含义,我们给每条边指定一个确定的数值,这称为"权",相应的图称为"(带)权图",显然 BFS算法不能用于带权图。解题时可以考虑一种重要的思路:问题归约。我们可能会想,当前的问题是否可以改造成已经解决的某个问题,利用那个问题的解得到当前问题的解。那么是否能将带权图归约为 BFS 可以处理的图呢? 如果权值均为正整数,这非常简单。对应输入的任意图 G(每条边有正权值),按照如下方式构造图 G′:G′的节点集包含 G 中所有的节点;对应 G 中每条边 e(假设权值是 k),在 G′中用一条长度为 k 的有向通路替换,通路的端点即 G 中边 e 的端点,方向保持一致。通路中的 k-1 个中间节点是 G 中没有的。G′中的边没有权值。读者很容易证明,基于 BFS 算法对 G′的计算结果可以得到原问题(对带权图 G)的解。

　　BFS算法的复杂度是线性的,上述方法对于输入图 G 而言还是线性的吗?

---

①张意. 面向最短路径问题的三值光学计算机全并行矩阵算法研究[D]. 南昌:华东交通大学,2021.

二、带权图的最短路径算法

可以将带权图理解为输入除了上述的 G 和 s 外还包括一个函数 w，其定义域为图中的边集，值域通常是数集。简单地说，每条边有个确定的数值，其应用含义可以是相应路段的长度、运输成本、通过时间等（在与道路交通无关的应用中也可以是其他任意合理解释）。一条通路的权值定义为它包含的所有边的权值之和。因此，最短路问题就是找出总权值最小的路径。

注意：如果起点 s 可以通达某个总权值为负值的回路，"最短"就无意义了。假设所有边的权值均非负，一个带权有向图的例子如图 2-9 所示。

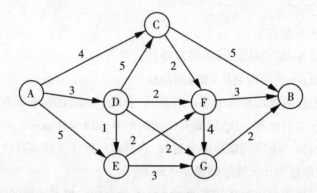

图 2-9　带权有向图

假设我们需要计算图中从节点 A 到 B 的最短路径，最"朴素"的贪心策略不能保证找到正确的解。假如从 A 开始始终选择"当前"顶点所关联的权最小的边前行，结果是 A→D→E→F→B，路径长度为 9。但是路径 A→D→G→B 长度为 7（这确实是最优解）。

有一种方法可以保证找到最优解。用 S[v] 表示从 A 到 v 最短路径的长度，从终点"反推"，可得：

1. S[B] = min{S[C]+5, S[F]+3, S[G]+2}（注意这个式子的形成规则）

2. S[G] = min{S[D]+2, S[E]+3, S[F]+4}

3. S[F] = min{S[C]+2, S[D]+2, S[E]+3}

4. S[C] = min{4, S[D]+5}=4

5. S[E] = min{5, s[D]+1}

6. S[D] = 3

从下往上逐次代入，很容易得到：S[B]=7，这就是最优解。我们可以将 S[v] 看作待解问题的子问题。如果子问题 S[u] 的计算需要用到子问题 S[v] 的结果，就说前者"依赖"后者。这个方法称为"动态规划"。动态规划需要计算所有的子问题,这将会导致指数级的复杂度。但是如果能够仔细地对所有子问题排序,保证被依赖的一定会先计算,并且能设计一种可以快捷地存取子问题解的方法,那么就可能设计出非常有效的算法。因此,动态规划是一种很重要的算法设计方法。

下面介绍非常著名的Dijkstra算法。Dijkstra算法用非常简单的贪心策略的"形",包裹了动态规划算法保证正确的"魂",却又针对问题的特征,避免了烦琐的子问题定义与结果存取,采用逐个为图中节点加标号(对应算法过程中间已看到的从源节点到该节点的距离)的方式计算从起点 s 到图中所有其他节点的最短路径长度(也称距离)。因为算法计算的是从特定起点到其他所有点的最短路径,所以通常称为"单源最短路径算法"。

为了使读者更容易理解 Dijkstra 算法,我们把前面关于水龙头的类比放在图模型的背景下重新表述一下:往一张宣纸上缓缓地泼墨,首先将起点 s 覆盖,然后在算法控制下逐步扩大"墨点"覆盖范围。在任一特定时刻,墨点覆盖区域有一个边界。如果采用上面讨论动态规划时的说法,界内的点 u 相应的子问题 S[u]已解;从加标号的角度来说,界内节点的标号已经固定,不会再被改变,这就是从 s 到该点最短路径的长度值。另外,与边界内任一节点相邻的外部点是"当前可见"的。

每次扩大"墨点"总是选择尚未被覆盖但"可见"的节点中标号最小的。开始时 s 标号为 0,其他节点标号均为∞。每当一个节点 v 被覆盖(从 s 开始),与其相邻的点 u 的标号将更新为:min{u 原标号值,v 标号值+w(vu)},其中 w(vu)是 vu 边的权值。任何可见但尚未被覆盖节点的标号在每次循环中均可能被改变,这取决于是否发现了从 s 到该点的更短的路径(可以比较一下动态规划过程)。当全部节点均被覆盖时算法终止。

若图中节点数为 n,则上述"墨点扩散"通过 n-1 次循环完成,图2-10针对前面的例子,给出前 4 次循环形成的墨迹边界示意。每次循环确定一个节点的"固定"标号,操作序列为:A(0),D(3),C(4),E(4)。已覆盖的点在图中用黑体字标注标号,注意,E 的标号在 D 被覆盖时由 5 更新为 4。本文中算法在标号值相等时按照节点名字母顺序执行。目前 B、F、G 均"可见",因此均具有有限标号值。注意:随着 F 与 G 先后被覆盖,B 的标号值还将更新两次,最终达到 7。

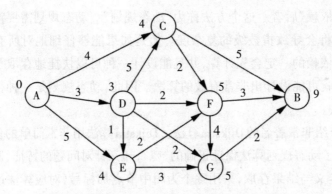

图2-10 Dijkstra算法执行示意

从上面的描述读者应该很容易理解Dijkstra算法的基本逻辑:通过一个循环过程,以尽量减少已有标号的方式将所有节点的标号固定下来,最终达到从起点s到各节点的最短路径长度值。对初学者而言,可能最难理解的地方在于每次扩大"墨迹"新覆盖的节点究竟是如何确定的。当然,可以在每次循环中,在所有可见的节点中找出最小元素,但这显得有些笨拙,因为可见的节点数可能接近n。

在描述Dijkstra算法之前,我们先来介绍一种对算法设计非常有价值的思维方法:数据抽象。为了解决单源最短路径问题,我们希望每次循环从"可见"的节点中选择标号值最小的。假设这些节点以某种形式存放着,有一个节点选取操作,总是返回其中标号值最小的元素,那么算法层面的考虑就很简单了。至于怎么能实现这一点,我们到编程时再考虑。这就称为"数据抽象"。显然,它可以使我们在设计算法时避免编程细节的纠缠,聚焦于解题逻辑。

数据抽象在编程实践中常以抽象数据类型的形式体现。对这个例子而言,人们常用的是"最小优先队列"(priorityQ),它按照key的值定义"优先级",出队列总是"优先级"最高的元素。这里key即标号值,值小的优先。注意:一般的队列可以认为是"优先队列"的特例,key为进队列时间,时间值小的优先。key的值可以设置,也可以修改。

下面建立一个最小优先队列类型的对象PQ,其元素为图G中所有"可见但标号尚未固定"的节点(也就是"紧邻墨迹区"的外部节点)。我们需要该结构提供如下操作:

(1)create():创建最小优先队列类型的对象。

(2)enqueue(PQ,v,key):节点v进队列PQ,其键值置为key。

(3)dequeue(PQ)：从队列PQ中出一个元素，一定是队列元素中key最小的（之一）。

(4)decreaseKey(PQ,v,key)：将已经在队列PQ中的对象v的键值降为key，在算法过程中，当从s到已被发现，但尚未完成v找到一条更短的通路时，需要这个操作。

三、负权值的影响

输入中不能含有总权值为负的回路，这很容易理解。但前面特别说明不能有负权值的边，要求更高，这是为什么呢？

前面介绍过"问题归约"的思路。读者可能会想到如果输入中包含负权值的边，是否可以通过归约的方式消除负权值？原图中所有负权值一定有绝对值最大的，例如t。假如将所有边的权值均加t，那就没有负权值了。图2-11给出了一个带负权值的图的例子。

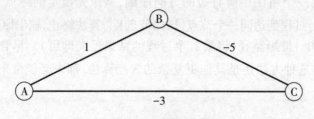

图2-11　负权值的影响

图中最短路径为A→B→C，权值为 - 4。如果每条边的权值加5，则新图中最短路径将为A→C，权值为2；而A→B→C的权值改为6。显然结果不对了。原因是从A到B的两条路径边数不一样，采用每条边加同一个数，导致不同通路增量不同。而Dijkstra算法在此图上的输出显然是 - 3，而不是正确的解 - 5。请读者自行分析出错的原因。总之，Dijkstra算法只适用于非负权值的输入。关于其他应用条件更宽的算法，读者可参阅Bellman-Ford算法，可判断输入中是否含负回路（因此无解）。

四、单点到单点：更容易还是更难

大家都已习惯了使用软件指路。我们只需知道从A到B的最佳路径，并不需要知道从A到所有点的最佳路径。可能读者会认为既然能解出所有点的最短路径，当然也就解决了从A到B的问题。理论上可以证明即使限定起点和终点，最坏情况下的计算代价也不会比Dijkstra算法更优。不过，有一点千万不能忘记:计算机解题与数学上的解题不一样,计算机解题需要消耗物理资源。对计算机算法而言,计算代价不只是衡量解法好坏的一个因素,很可能就是题目的条件的一部分。尽管从数学上看,从A到B的最短路径问题只是从A到所有其他节点最短路径的一个子问题,解决了后者自然就解决了前者。但是如果我们定义的问题是"在一个包含n个节点的图中找到从指定点A到B的最短路径,且计算的时间代价是路径经过的节点数的多项式函数(而不是n的多项式函数)",想想在10000个节点的图中随机选取两个节点之间的最短路径长度,有很大概率不过是"百数量级"的,就可以知道这差别有多大。而对于像手机这样的计算能力较弱的设备,用Dijkstra算法来计算两点之间的最短路径有多么不合理。就当前的认识,上述问题比一般的"单源最短路径问题"要难,因为目前尚未找到满足条件的算法。

一个简单的想法是在两台处理器上同时执行Dijkstra算法,一个从起点A开始执行,另一个将图中所有边的方向颠倒,从原先指定的终点B开始执行。一旦两个执行过程到达同一个节点(比如节点K),算法终止,输出原图中的AK→最短路径+KB→最短路径(将第二个过程的结果反向即可)。尽管实验效果不错,但不论是这种方法还是其他更复杂的智能算法,都未必能带来最坏情况下的理论改进。

第六节　最大流量

在高速公路网中有车流,在互联网上有信息流,在自来水管网中有水流,在公用电网中有电流……网络大都和某种流联系在一起,网络的作用就是要保障那些流的畅通。对于网络中流量的研究是一个具有普遍意义的主题。[①]

研究网络中的流问题可有多个不同的视角和目标追求。下面讨论两个节点之间可能经过的最大流量。我们从简单例子开始建立讨论这个话题的语境。

图2-12所示为一个有3个节点{s,a,t}的有向网络,边上的数字表示能支持的流量(不妨看成是单位时间能通过的车辆数),一般也称为对应边的"容量"。这个例子数据表明sa边的容量为3,at边的容量为2。想象为道路,也就相当于

---

①张超,胡振威.有流量需求和分品种容量限制的运输网络最大流算法[J].交通运输工程与信息学报,2017,15(03):121-127.

sa路段要比at路段宽一些。边的箭头方向则表示"单行线"的方向。

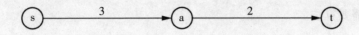

图 2-12　简单的3个节点的有向网络

现在的问题是,如果我们要不断从s发出开往t的车,单位时间能发多少辆车?几乎不用多想,你马上会意识到3是不行的,最多是2。而且如果有人说1,你则会说每条边的容量都还有剩余,因此流量还可以增加。于是我们说,2就是这个网络中从s到t的最大流量。如果面对的不只是两个路段,而是多个如此串联的路段,你也能意识到从s到t的最大流量受限于最小容量的路段。这样的路段,也称为"瓶颈",别的路段再宽也没有用。下面考虑图2-13所示的一个稍微复杂点的例子。

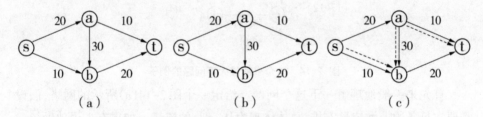

图 2-13　4节点网络中的流量分析

先看图2-13(a),不妨也看成是一个道路网的抽象。在讨论流问题时,总假设有一个节点是出发点,习惯上用s表示,画在图的最左端;再假设一个节点为到达点,用t表示,画在图的最右端。这个网络中还有另外两个节点a和b,以及节点之间的5条路段,它们的容量也相应标在上面。在图2-13(a)中,我们还看到有3条从s到t的路径,s→a→t、s→b→t和s→a→b→t。

单位时间里能发出多少辆从s到t的车?显然取决于那些车走的路径。如果让它们都走s→a→b→t,如图2-13(b)所示,那最多是20辆。此时路段s→b用不上了,因为它后面的b→t已经被占满。不过,如果我们让20辆走s→a,在a分流,10辆走a→t,10辆走a→b,同时让10辆走s→b→t,就实现了从s到t的最大流量为30辆。图2-13(c)所示的是另一种理解,虚线表示是图2-13(b)已经在s→a→b→t安排了流量20辆的基础上,可以让从s→b来的流量(10辆)沿着a→b的反方向到达t。这种理解和前面说的在a点分流是等价的,乍听起来它不如分流的说法自然,但更便于后面讨论算法的"思想基础"。

至此,读者应该慢慢体会到这个问题的挑战之处了,如果网络稍微复杂一点,如图2-14(a)所示,要目测得出源s到目的t之间最大流量的安排就不容易了,因此需要算法。

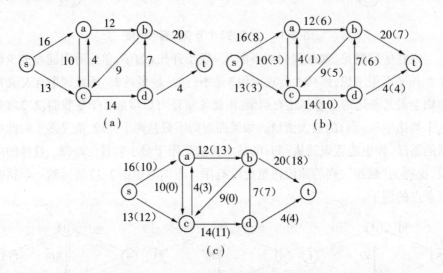

图 2-14　一个求解最大流问题的例子

首先来一般地理解一下这个问题。给定一个图2-14(a)所示的网络,假设需要在每条边上做流量安排,总体体现为从s到t的流量。如果有人说他做了一个图2-14(c)所示的安排(现在每条边上标有两个数,括号外为容量,括号内为流量安排),你会有什么观感? 首先,你会马上说“不靠谱”,因为在a→b上安排的是13,大于网络中a→b的容量12;这是不可接受的。还有没有别的问题? 注意节点c,进入它的流量是 12 + 0 + 0=12,而离开它的流量是 3 + 11=14,二者不相等,是矛盾的。也就是说,任何“可行的”安排必须满足两个条件:①每条边上流量分配不能超过边的容量;②除了出发点s和结束点t外,每个节点的“入流”必须等于“出流”。

现在可以看看图2-14(b)了。有什么问题吗? 它满足上述两个条件,于是我们说它是一个“可行解”,对应的总流量为11,但我们不知道它是不是“最优解”(对应st之间的最大流量安排)。事实上,对这个例子而言,你容易看到沿着s→a→b→t的容量并没有用尽,3条边上分别还剩16 - 8 = 8,12 - 6 = 6,20 - 7 = 13。这意味着你可以给那条路径上的流量一个增量min(8,6,13)=6,于是得到了一个较优的可行解(此时s→a上的流量为14,a→b上的为12,b→t上的为13,总流量为17),但还是不知道是否最优。

的确,在此基础上我们还看到一种增加流量的可能,类似于图2-13(b),此时可以在s→c上增加5,在bc上减少5,在b→t上增加5,从而得到总流量22。也就是说,如果我们在一个可行解基础上发现一条从s到t的包含两个不同方向边的路径,在顺方向边上的容量有剩余,在逆方向边上的流量均大于0,就意味着可以得到一个总流量的提升。

上述在一个可行解的基础上有两种改进思路的例子值得一般性讨论,是此处要介绍的经典Ford-Fulkerson算法(1956年发明)的关键。参考图2-15,假设在一个可行解基础上发现了一条如图2-15(a)所示的路径s→a→b→c→d→t,边上的标记x(y)表示容量为x,在当前可行解中已经分配了流量y,那么剩余可用的容量就是$x-y$。于是我们看到$8-3=5,6-5=1,7-2=5,4-3=1$和$5-1=4$,其中的最小值1就是还可以做的改进。边上的标记则更新为8(4)、6(6)、7(3)、4(4)和5(2)。显然,结果依然是一个可行解。

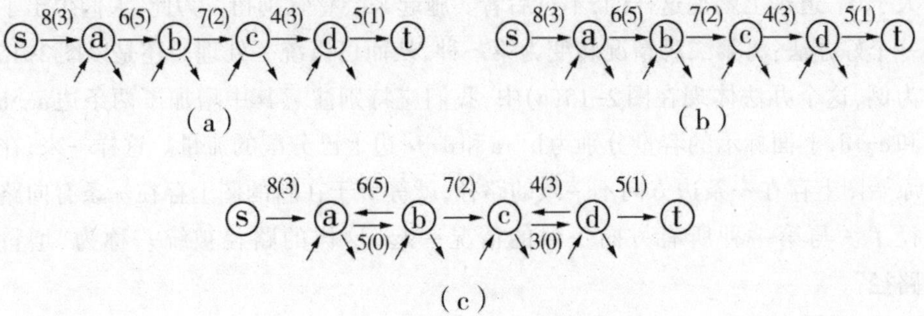

（a）　　　　　　　　　　　（b）

（c）

图 2-15　Ford-Fulkerson算法的要点

假设发现了一个如图2-15(b)所示的情况呢? 注意a和b、c和d之间边的方向是反过来的,因而现在不能说在图中发现了"一条从s到t的(有向)路径"。观察节点a,s→a边产生的入流量为3,b→a边产生的入流量为5,加起来是8。由于是可行解,在a上的入流之和要等于出流之和,因此这个8一定已被与a相关的其他出向边抵消掉了。此时,如果我们让s→a上的流量"+1",让b→a上的流量"−1",就不会打破在节点a上的流量平衡,但破坏了节点b上的流量平衡——出流少了1。怎么办? 让b→c边上的流量"+1"就可以了,但这又导致节点c上的入流多了1,解决的办法是让d→c上的流量"−1",又造成d上的出流少了1,最后就靠在d→t上"+1"补偿,从而完成整个平衡,得到了一个总流量提高的可行解。值得指出的是,类似于图2-15(b)的路径上的边不一定非得是方向交替的。体会上述分析,我们能认识到关键是保持每个中间节点出入流量的平衡,顺向的边"+",逆向的边"-"。

对图2-15(b)这个例子而言,其实改进可以比"+1"更大。但凡需要增加流量的边,不得超过剩余容量,但凡需要减少流量的边,不得超过已分配的流量。因此我们看到$8-3=5$、5、$7-2=5$、3和$5-1=4$,其中的最小值3就是可以得到的最大改进。

综上所述,Ford-Fulkerson算法的基本思想就是从一个每条边流量为0的初始状态(显然是一个可行解)开始,不断发现上述两种改进的机会,直至没有新机会:

第一种机会,就是要看能否找到一条从s到t的有向路径,其上每一条边的剩余流量都大于0。第二种机会,就是要看能否找到一条从s到t的边方向不一定一致的路径(但一定是离开s,进入t),其上顺边的剩余流量和逆边的流量都大于0。道理上就是这样的,不过后者实施起来会感觉别扭。为此,人们想出了一个好办法:将第二种情况转变为第一种,从而可以统一处理。还是以图2-15为例,这个办法体现在图2-15(c)中,我们应特别注意其中增加了两条边a→b和c→d,上面标示的容量分别为b→a和d→c边上已分配的流量。这样一来,在原始图上存在一条边方向不一致的路径,就等价于在新的图上存在一条有向路径了。与第一种所有方向一致的情况一起,这样的路径被统一称为"增量路径"。

在程序实现中的具体做法就是,用A表示原始网络,但在算法过程中操作一个剩余容量网络G。最初让G = A,一旦决定G的某条边a→b上要分配一个流量x,那么除了在a→b当前剩余容量上减x,同时也在b→a的容量上加x。这样,在当前可行解上寻找提升流量的机会,就都变成在G上寻找一条从s到t的增量路径问题。

用给定的网络A,初始化剩余容量网络G,不断在G上发现从s到t的有向(增量)路径,并按照所定的规则对G进行更新,直到没有s→t路径可以发现,也就再也没有提升可行解质量的机会了。

怎么在G上发现是否存在s→t增量路径?G是一个有向图,广度优先搜索和深度优先搜索都可以用于发现两个节点之间的有向路径。下面给出一个广度优先搜索的程序版本,看看算法的实现。

```
1  def BFS():
```

```
2   while queue:
3     x=queue.pop(0)
4   for i in range(n):
5     if G[x][i]>0 and not visited[i]:
6       visited[i],lead[i]=True,x
7       queue.append(i)
8       flowcap[i]=min(flowcap[x],G[x][i])
9   return flowcap[t]
#主程序
10  s = 0;t=n-1
11  done=False
12  while not done:
13    queue =[s];visited = [False]*n;visited[s]=True
14    lead=[-1]*n;flowcap=[0]*n;flowcap[s]=10000
15    if BFS()! =0:    #找到新路径了,去更新剩余流量矩阵
16      update_G()
17    else:
18      done=True
```

先看第10～18行的主程序部分。它要控制做若干次从s开始的广度优先搜索,每次搜索若达到了目的节点t,则更新剩余流量网络G,然后继续搜索;如果没达到t,就意味着没机会了,程序结束。结束的时候,最大流的分配方案则由初始网络A和工作网络G中的数据直接给出。其中每次搜索的初始化,除了一般BFS都需要的队列(queue)和访问与否的标记(visited)外,还有两个特殊的针对每一个节点的标记,lead和flowcap。lead用于记录搜索过程中的上层节点,flowcap用于记录从源节点(s)经搜索路径到该节点的"饱和流量"。所谓饱和流量,指的是它与该路径上至少一条边的剩余流量相等。有了lead和flowcap,更新G就十分简单了(因而这里没有提供)。

BFS就是广度优先搜索过程,进入时queue中有源节点s。剩余流量网络G采用了矩阵表示,因而有一个for循环来看哪些节点与当前节点x相连(G[x][i]>0)且还没有被访问(not visited[i]),对那些节点做BFS所需的状态更新,并放到队列中。第8行是和这个流量问题特别相关的,得到上面提到的饱和流量。

将这个程序用在图2-14(a)数据上,得到的流量结果如图2-16(a)所示。我们能够检验前面指出的两个条件,保证它是一个可行解:①每条边上括号中的数(流量)不大于左边的数(容量);②每个节点的入流之和等于出流之和。这时我们看到,总流量为23,优于在前面讨论图2-14时提到的每一个可行解。同时,我们也指出一个网络中最大流的具体安排不一定是唯一的,图2-16(b)就是另外一种,这和在做路径搜索时选择节点的顺序有关。

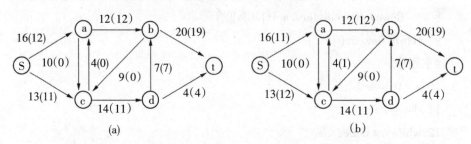

图 2-16　在一个较复杂网络上运行Ford-Fulkerson最大流算法的结果

上面我们比较详尽地介绍了Ford-Fulkerson算法及其程序实现。作为算法研究,还有几个问题值得考虑(下面总假设所考虑的网络是有穷的,且每条边上的容量为正整数),这里列出来并简略讨论。

第一,为什么这个算法一定会结束? 在G上每找到一条新的路径,会对一些边的剩余容量进行更新,有的减少,有的则增加,为什么一定会出现找不到s→t路径的情况,从而结束算法呢? 可以这样考虑:源节点s出边上的容量之和是有限的(不妨记C为从s出发的剩余容量,最初就是它的出边的容量之和),算法过程中每找到一条s到t的路径(每一条边剩余容量都大于0),都会让C减少,而C有下界0(尽管不一定总达到),因此算法一定会终止。

第二,即使结束,只是说在剩余容量网络上找不到s→t路径了,为什么得到的就是最大流呢? 这个问题比较难一些,通常和另外一个概念"最小割"结合起来讨论。给定一个我们关心的网络,总可以从中删除若干条边,使得不再存在从s到t的有向路径,这样的边集被称为网络的"边割(集)",边割(集)中的每条边上的容量之和就是割的容量,具有最小容量的割就是"最小割"。容易想到,任何s→t流量都不会大于最小割的容量,于是如果一个s→t流量达到了最小割容量,那它就是一个最大流。可以证明,Ford-Fulkerson算法终止的时候得到的就是与最小割相等的流量。

第三,算法的运行效率如何? 从算法描述可以看到,要做若干次s→t路径搜索。从第一条中的讨论可知,次数不会超过 s 的出边容量之和 C。每做一次 BFS,时间与网络图中的边数(m)成正比,由于剩余容量网络 G 的边数每次都可能改变,但总的来说受限于节点数(n)的平方,因此可以说如此实现的是 $O(Cn^2)$ 算法。

第四,虽然我们用到了图 2-14(a)所示网络的例子,也给出了图 2-16 所示的结果,但在前面分析的时候没有涉及其中既有 a→c 边也有 c→a 边的情况;在程序实现中需不需要做什么特别处理呢? 仔细想想双向边的影响,能认识到在算法中不需要做特别处理,只需对结果 G 中的数据恰当解释,配合初始的 A,就能给出最优流量分配。

事实上,如果有双向边,也就是某些 A[i, j]和 A[j, i]都大于 0。G 的初始化也就有这样的情况。按照算法,每发现一条路径,其中边的最小剩余容量值 f 被用来做更新,$c_{ij} \leftarrow c_{ij} - f, c_{ji} \leftarrow c_{ji} + f$。G 中的任何一条边都可能被多次发现在找到的路径上,于是上述更新对同一条边可能多次,包括反向边 j→i 被发现,于是会做 $c_{ji} \leftarrow c_{ji} - f, c_{ij} \leftarrow c_{ij} + f$。最终,$G[i, j] = c_{ij} - f_{ij} + f_{ji}, G[j, i] = c_{ji} - f_{ji} + f_{ij}$,其中 f_{ij} 表示累积的流量更新。

如何得到 A 上每条边在最大流中分配的流量? $A[i, j] - G[i, j] = f_{ij} - f_{ji}$,和 $A[j, i] - G[j, i] = -(f_{ij} - f_{ji})$,正好相反。为正的就是在对应边上的分配,另一个则没有流量分配(即 0)。这是因为在两节点之间的两个反向的边上,总是可以让一条边上的流量为 0。举个例子,若算法过程产生了 $f_{ij} = 8, f_{ji} = 3$,从节点 i 和 j 之间经过的流量角度,等价于 $f_{ij} = 5, f_{ji} = 0$。

第七节 凸包计算

在郊野公园中有一片林地,生长着一些古老的树木。管理部门希望建围栏把这些树木围起来加以保护。为了便于外围修建步行道,方便游人观赏,保护区应该呈凸多边形。当然也希望围栏总长度尽可能小,降低建设成本。

为简化计算,我们假设可以用部分树木作为围栏的桩柱。换句话说,部分树木处于保护区域的边界上。图 2-17 是这个问题的示意图,图 2-17(a)标出树木的平面位置分布,图 2-17(b)则显示完成的围栏,位于围栏上的树木用空心点表示,围在内部的为黑色点。

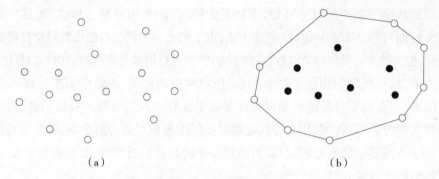

（a） （b）

图 2-17 凸包计算示意

我们能否设计一个算法让计算机帮我们确定该如何建围栏呢？

一、问题模型和基本思想

问题可以抽象为：在平面上给定一组点，如何生成一个包含全部点的最小凸包。所谓凸包是满足如下条件的多边形：连接多边形中任意两点（包括边界上的点）的直线段完全位于多边形内部（包括边界）。"最小"是指：在保持凸多边形性质不变的前提下，若缩小该图形，则给定的点中至少有一个位于外部。[1]

图形处理中有大量的问题需要用到这样的计算，凸包算法是计算几何领域最早的成果之一。

模型基于平面笛卡尔坐标系。输入是一组点：$v_1, v_2, \cdots, v_n$，其中 v_i 表示为 (x_i, y_i)，即该点在笛卡尔坐标系中的横坐标值与纵坐标值。为避免计算过程中可能产生的"小"误差带来的麻烦，这里不妨假设所有坐标值均为整数。

算法的输出是输入点的一个子集构成的序列。出现在序列中的点即位于凸多边形边界上的点。边界的轨迹即为需要计算的凸包。我们约定其顺序是：从某个指定点出发，按照顺时针方向沿凸包排列。如果用画图工具将输出序列中每个相邻点对之间的连接直线段（包括首尾两个点之间的）全部画出，则可显示计算得到的凸包。

显然，解题的关键是确定哪些点应该在凸包上。当点数非常多且随机分布时，就很难确定。但作为构成凸包的每条线段，其特征倒不难看出来。从图 2-17(b)很容易看出，边界上的每条线段所在的直线将平面切分为两个半平面，所有的点一定位于其中一个半平面上（包括分界线），如图 2-18 所示。这就意味着满足这一条件的线段的两个端点在边界上。反之，考虑任意两点连接的直线段，如果

---

①唐磊. 凸包围多面体生成算法及应用[D]. 北京：清华大学，2015.

其对应的直线分割成的两个半平面中都有输入点,则该线段不可能在凸包上。

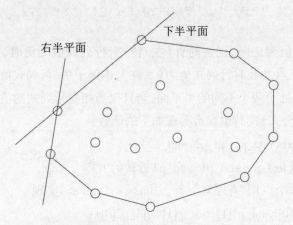

图 2-18 凸包边界线将平面划分为两半,数据点都在一边示意

二、从思想到算法

利用解析几何知识很容易判定:相对于特定线段,任给的两点是否在同一个半平面(是否位于线段的同一侧)。

假设线段uv所在的直线将平面分割为两个半平面(图2-19),点s和t处于同一个半平面中,折线s-u-v和t-u-v在u点总是向同一方向偏转(这里是右转),而处于另一半平面中的点w决定的折线w-u-v一定是向相反方向偏转(这里是左转)。

以图2-19中的折线t-u-v为例,设三个点的坐标值分别为(x_1,y_1)、(x_2,y_2)、(x_3,y_3),则折转方向完全由下面的行列式值的符号所确定:

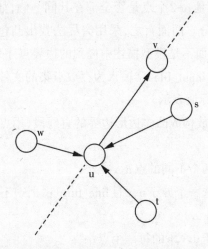

图 2-19 在不同半平面上的两个点(w和s)到分界线上一点(u)后的折转方向示意

$$D = \begin{vmatrix} x_1 & y_1 & 1 \\ x_2 & y_2 & 1 \\ x_3 & y_3 & 1 \end{vmatrix} = x_1y_2 + y_1x_3 + x_2y_3 - x_1y_3 - y_1x_2 - y_2x_3$$

当行列式值为正时,则逆时针(左)转;当行列式值为负时,则顺时针(右)转;当且仅当三点共线时行列式值为0。在上述例子中,行列式值为负。两个点相对于线段uv处于两个不同的半平面,当且仅当相应行列式的值符号相反。

利用上述公式,我们很容易实现如下的函数:

def line_turn(test_p,end_p1,end_p2):

#确定折线 test_p－end_p1-end_p2折转的方向

#参数中每个点用"有序对"(<x_value>,<y_value>)实现

det=test_p[0]*end_p1[1]+test_p[1]*end_p2[0]+\

end_p1[0]*end_p2[1]−test_p[0]*end_p2[1]−\

test_p[1]*end_p1[0]−end_p1[1]*end_p2[0]

if det=0:

    return 0　#三点共线

    elif det<0:

    return−1　#相应的折线方向为顺时针(向右)

    else:

    return 1　#相应的折线方向为逆时针(向左)

利用函数line_turn,我们先给出一个非常直观的算法。连接输入的任意两点得到直线段,判断其他n-2个点是否全部在其同一侧,如果不是,则这条线段不可能是凸包的一部分。简而言之,采用穷尽法找出凸包上的线段。注意,这里输出的是线段集合,而不是模型描述中提到的边界点序列。

Convex_hull_slow(input_file):#输入为存放点集的文件,

#每个点用x-y坐标值表示

border_segd=[]#存放构成凸多边形边界的直线段(用点对表示),

#最后用于输出

对输入文件中每两个不同的点u,v:

在输入文件中任选一个异于u,v且 line_turn(p,u,v)不等于0的点p:

Flag=line_turn(p,u,v)

对输入文件中异于u,v,p的每一个点q:

turn_around=line_turn(q,u,v)

if turn_around*flag=-1:

　　exit # p,q 在 uv-线段两侧,uv-线段不可能在凸包边界上。border_seg=border_seg.append(uv-线段)

输出 border_seg　#例如写入文件

输入 n 个点,可生成的直线段数量为 $O(n^2)$,对每条线段,最坏情况下要检查除该线段端点以外的 n-2 个点是否都在同一个半平面中,因此计算复杂度是 $O(n^3)$。

上述穷尽法没有利用输入中可能有帮助的隐含信息,一般效率不高。如果我们找到一些窍门,可直接判定某些线段是否在凸包上,而不用每次都去检查所有点,就有可能改进算法。

三、一个效率较高的贪心算法

我们再仔细审视图 2-17(b),特别观察下面标注出的点(图 2-20)。

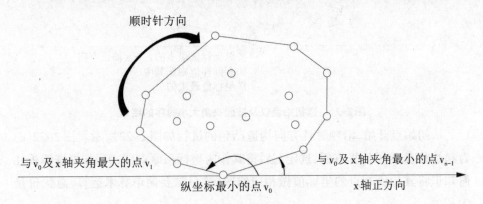

顺时针方向

与 v_0 及 x 轴夹角最大的点 v_1　　　与 v_0 及 x 轴夹角最小的点 v_{n-1}

纵坐标最小的点 v_0　　x 轴正方向

图 2-20　贪心算法思路示意

尽管上图中的凸包在算法未执行完成前并不存在,但图中特别标示出的三个点,即 v_0(靠坐标值即可确定)、v_1 和 v_{n-1} 是可以确定的。后两个点的确定只需要对除 v_0 外的任意点与 v_0 及 x 轴正方向之间的夹角从大到小排序。最有启发意义的一点在于,我们可以断定输入的所有点都位于这三点构成的折线的同一侧。

我们确定了 v_0 后,首先对除了 v_0 以外的所有点相应的夹角从大到小排序(且按此给 v_0 以外的点编号),显然在最终计算出的凸包上,按照顺时针方向,点的序号严格递增。而且沿凸包轨迹,任何正方向上相邻的三个点构成右转折线。

这为设计效率更高的凸包算法提供了更清晰的思路:首先确定 v_0,接着按照上述相应的夹角从大到小给其他 n-1 个点排序,如果夹角相等就按与 v 的距离从小到大排序(这是为了处理共线的情况)。选择 v_0 和 v_1 作为开始的两个边界点(按照顺时针方向)。后面按照点序号的增序逐步增加凸包上的点。

按照角度大小排序并不能保证任意连续三个序号的点一定构成向右的折线。这是算法中最不直观的部分。每当加入一个新的边界点时,必须检查当前序列中最后三个点构成的折线是否左转,如果是则删除当中的点,再继续回溯并做同样的检查。选初始点以及按照夹角大小排序的结果如图2-21所示。

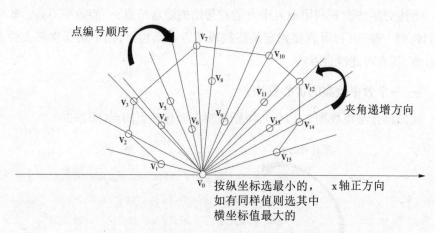

图2-21 选初始点以及按照夹角大小排序的结果

从初始点开始,沿顺时针方向构造凸包的过程如图2-22所示。图2-22(a)为起始状态,为了计算方便,选定 v_0 后将其作为坐标系原点(0,0),并根据解析几何知识将其他所有点的坐标值做相应修改(这只需要简单算术运算,总代价是 $O(n)$)。

图2-22(b)显示了计算过程。每条边上的数字表示在整个操作序列中相应线段加入以及被删除的次序(删除操作次序表示在括号中,边界上的线段没有删除操作)。需要指出的是:算法并不对边(线段)操作,只处理点。这里是为了让读者容易跟踪算法执行过程而画出线段,其实其加入或删除是对点操作的反映。有两条线段上删除操作的执行次序相同,这是因为算法虽然删除的是点,但同时把与该点关联的两条边也删除了。

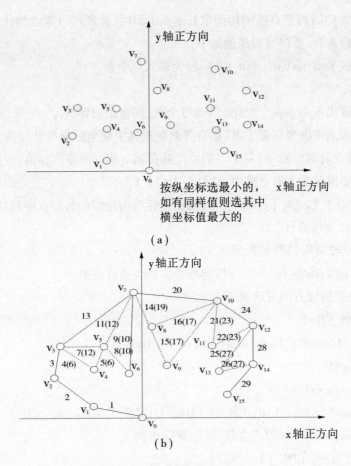

图 2-22 显示凸包构造过程:尝试＋纠错

其实并不需要计算出夹角的大小,我们只是用这个数据来排序。在 $0 \sim \pi$ 范围内正切函数是在两个不连续的区间 $(0, \pi/2)$、$(\pi/2, \pi)$ 内分别严格递增的。所以,只要区分横坐标的正负,直接比较 y/x 就可以了,区分正负区是保证不让正负号不同的坐标值放在一起比。注意,若某个点横坐标为 0,即相应夹角为 $90°$,这需要单独处理,其位置在所有横坐标为正的点与横坐标为负的点之间。

从上面的例子可以看出,算法执行中是通过回溯来检查是否有不正确的点被当作边界点,需要不时纠正前面的误判。显然这个过程用堆栈实现最为方便。

定义栈 CH,按照点的序号,首先是 v_0、v_1、v_2 依次进栈,从 v_3 开始,每次按照序号向栈中加 1 个点,随即检查栈顶的连续 3 个点是否构成左偏转的折线,如果是,则从栈中删除中间那个点,并继续检查新栈顶位置的连续 3 个点,以此类推。折转方向的判定直接调用函数 line_turn 即可（读者可以考虑为什么 v_2 进栈时不需要检查）。算法过程描述如下：

Convex_hull_fast(n,input_file) #n 为输入点个数

if n<4：

直接输出 input_file   #此时至多 3 个点，则全是边界点

取输入点中纵坐标最小者（如有并列则选其中横坐标最大者），作为 v_0，以 v_0 为原点，建立新的坐标系（每个点的原坐标值减 v_0 相应的原坐标值）按照前面文中分析的要求对输入的点排序，结果存入表 p_List

CH=[v0,p_List[0],p_List[1]] #初始化存放构建中的边界点序列的栈

i_CH=2 #栈指针

i_pList=2 #从 v3 开始处理

while i_pList<n−1：   #按递增方式扩大边界点集合，

#并根据折线方向进行修正

i_CH=i_CH+1

CH=CH.insert(p_List[i_pList],index_CHstack)

turning=1

while turning！=−1：

turning=line_turn(CH[i_CH−2],CHstack[i_CH−1],CHstack[i_CH])

if turning=1：   #发现左转折线，删除中间点

CH[i_CH−1]=CH[i_CH]

i_CH=i_CH−1

i_pList=i_pList+1

输出 CH

这个算法的最主要代价就是排序，除此之外对每个点的处理代价都是常量，所以总代价为 O(n)。整个算法的复杂度是 O(nlogn)（也就是排序的代价）。

虽然从渐进复杂度而言，上述算法已经达到"最优"了，不过仍然可以设法改进。一个非常简单的想法是先找出四个"极点"，即分别为横/纵坐标值最大和最小的点。用这四个点构成一个四边形，则位于该四边形上（包括内部与边界）的其他点都不可能是边界点，可以不用考虑。读者可以想想如何利用解析几何的基础知识来识别位于四边形上的点。其实无法分析这样做好处究竟有多大，但经验数据表明，当输入点数很大且随机分布时，计算代价会大大下减少。

第三章 计算机算法分析基础

第一节 算法复杂度

算法复杂度是算法运行所需要的计算机资源的量,需要的时间资源的量称为时间复杂度,需要的空间资源的量称为空间复杂度。[①]

这个量依赖于算法要解的问题的规模N、算法的输入I和算法本身A的函数,即算法复杂度$C = F(N, I, A)$。通常,让A隐含在复杂度函数名当中,把时间复杂度和空间复杂度分开,并分别用T和S来表示,则有:$T = T(N, I)$和$S = S(N, I)$。这是一个关于算法输入和问题规模的函数,但由于算法输入和问题规模难以具体确定,因而引入"渐近"的思想来衡量算法复杂度。

注:"渐近"(Asymptotic)一词起源于希腊语,意思是"不落在一起"。现在广义上用"渐近"来表示当某个参数靠近一个极限值时,任何近似值越来越接近真值,"渐近"意味着"几乎落在一起"。

第二节 时间复杂度

一、时间复杂度表示

在计算机科学中,算法的时间复杂度是一个函数,它通过算法输入和问题规模定量描述该算法的运行时间。仍然采用"渐近"的思想,考察输入值的大小趋近无穷时的情况,不必包括这个函数的低阶项和首项系数。[②]

---

①周珂.计算机算法与实际应用微探——评《计算机算法设计与分析基础》[J].教育理论与实践,2022,42(03):65.

②刘显德,于瑞芳,等.随机化快速选择算法时间复杂度研究[J].计算机与数字工程,2018,46(02):256-259+280.

注:时间复杂度并不是表示一个程序解决问题需要花多少时间,而是当问题规模扩大后,程序需要的时间长度增长得有多快。

计算时间复杂度的过程,常常需要分析一个算法运行过程中需要的基本操作,计量所有操作的数量。

插入排序过程如图3-1所示。

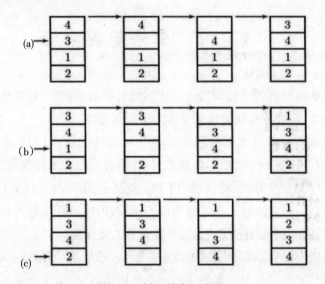

图 3-1 插入排序示意图

二、插入排序算法

插入排序算法如下:

算法 3-1 Insertion sort

输入:key,a[n−1]

输出:a[n]

1:for(j = 1:n−1)do

2: key←a[j]

3: i←j−1

4: while(i>=0&&a[i]>key)do

5: a[i+1]a[i]

6: i − −

7: end while

8: a[i + 1]←key

9：end for

10：return a[n]

三、插入排序算法时间复杂度分析

显然，外层 for 循环的执行次数是 $n-1$ 次，假设内层的 while 循环执行 m 次，则总的执行时间粗略估计是 $(n-1)*[c_1+c_2+c_5+m*(c_3+c_4)]$。当然，for 和 while 后面（ ）括号中的赋值和条件判断的执行也需要时间，设用一个常数来表示，这不影响我们的粗略估计。

这里有一个问题，m 不是常数，它不取决于输入长度 n，而取决于具体的输入数据。

最好的情况是：数组 a[n-1]的原始数据已经排好序了，while 循环一次也不执行，总的执行时间是 $(c_1+c_2+c_5)*[n-(c_1+c_2+c_5)]$，可以表示成 $an+b$ 的形式，是 n 的线性函数。

最坏的情况是：数组 a 的原始数据正好是从大到小排好序的，在最坏的情况和平均情况下，总的执行时间都可以表示成 an^2+bn+c 的形式，是 n 的二次函数。

在分析算法的时间复杂度时，我们更关心最坏的情况而不是最好的情况，因为最坏的情况给出了算法执行时间的上界。

比较两个多项式 $an+b$ 和 an^2+bn+c 的值（n 取正整数），可以得出结论：n 的最高次指数是最主要的决定因素，常数项、低次幂项和系数都是次要的。比如 $100n+1$ 和 n^2+1，后者的系数小，当 n 较小时，前者的值较大；但是当 $n>100$ 时，后者的值就远远大于前者了。如果同一个问题可以用两种算法解决，第一种算法的时间复杂度为线性函数，第二种算法的时间复杂度为二次函数，当问题的输入长度 n 足够大时，第一种算法明显优于第二种算法。

因此，我们可以用一种相对的方式来表示算法的时间复杂度，把系数和低次幂项都省去，下界为线性函数的时间复杂度，记作 $O(n)$；上界为二次函数的时间复杂度，记作 $O(n^2)$（注：O（Omicron）是希腊字母表 24 个字母中的第 15 个字母）。

另外，算法还涉及稳定性：①在排序算法中如果能保证两个相等的数经过排序之后，它们的前后位置顺序在整个序列中仍然保持不变；②存在两个数 $a_1=a_2$，排序前，a_1 在 a_2 前面；排序后，a_1 还在 a_2 前面。稳定性的本质是维持具有相同属性的数据的插入顺序,如果后面需要使用该插入顺序排序,则稳定性排序可以避免这次排序。如果是不稳定性排序,则需要第二次排序,这样会增加系统开销。

由于算法稳定性是一个更广泛的概念,本书不重点讨论,望读者通过自身的研究和应用实践来体会。

第三节　时间复杂度的表示

一、渐近上界

设$f(n)$和$g(n)$是定义在正数集上的正函数。

定义3-1 "渐近上界"如果存在正的常数C和自然数N,使当$n \geq N$时有$f(n) \leq Cg(n)$,则称函数$f(n)$当n充分大时上有界,且$g(n)$是它的一个上界,记为$f(n) = O(g(n))$,即$f(n)$的阶不高于$g(n)$的阶。

根据O的定义,存在如图3-2所示的几何关系,容易证明它有以下运算规则:

(1)$O(f) + O(g) = O(\max(f,g))$。

(2)$O(f) + O(g) = O(f + g)$。

(3)$O(f)O(g) = O(f*g)$。

(4)If $f(n) = o(g(n))$,then $O(f) + O(g) = O(g)$。

(5)$O(Cf(n)) = O(f(n))$,其中,C是一个正的常数。

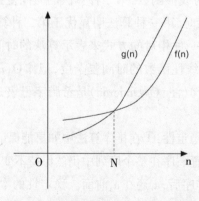

图 3-2　渐近上界的几何关系示意图

二、渐近下界

设 f(n) 和 g(n) 是定义在正数集上的正函数。

定义 3-2 "渐近下界" 如果存在正的常数 C 和自然数 N，使当 n≥N 时有 f(n)≥Cg(n)，则称函数 f(n) 当 n 充分大时下有界，且 g(n) 是它的一个下界，记为 f(n) = o(g(n))，即 f(n) 的阶不低于 g(n) 的阶。

三、渐近同阶

设 f(n) 和 g(n) 是定义在正数集上的正函数。

定义 3-3 "渐近同阶" 当且仅当 f(n) = O(g(n)) 且 f(n) = Ω(g(n)) 时，称 f(n) 与 g(n) 同阶，即 f(n) = θ(g(n))（注：Ω(Omega) 是希腊字母表的最后一个字母）。[1]

四、非紧上界

设 f(n) 和 g(n) 是定义在正数集上的正函数。

定义 3-4 "非紧上界" 如果存在正的常数 C 和任意给定的 ε>0，都存在正整数 N，使当 n≥N 时有 $\frac{f(n)}{Cg(n)} < \varepsilon$，则称函数 f(n) 当 n 充分大时，其阶比 g(n) 低，记为 f(n) = o(g(n))，有

$$\lim_{n \to \infty} \frac{f(n)}{g(n)} = 0$$

五、非紧下界

设 f(n) 和 g(n) 是定义在正数集上的正函数。

定义 3-5 "非紧下界" 如果存在正的常数 C，存在正整数 N，使当 n≥N 时有 $\frac{f(n)}{Cg(n)} \to \infty$，则称函数 f(n) 当 n 充分大时，其阶比 g(n) 高，记为 f(n) = ω(g(n))，有

$$\lim_{n \to \infty} \frac{f(n)}{g(n)} = \infty$$

六、渐近分析类比函数

f(n) = O(g(n))   ↔   a≤b

f(n) = Ω(g(n))   ↔   a≥b

---

[1]刘丁榕. 头脑风暴优化算法的时间复杂度分析与估算方法研究[D]. 广州：华南理工大学，2021.

$$f(n) = \theta(g(n)) \quad \leftrightarrow \quad a = b$$
$$f(n) = o(g(n)) \quad \leftrightarrow \quad a < b$$
$$f(n) = \omega(g(n)) \quad \leftrightarrow \quad a > b$$

七、渐近符号性质

1.传递性

$$f(n) = O(g(n)), g(n) = O(h(n)) \quad \rightarrow \quad f(n) = O(h(n))$$
$$f(n) = \Omega(g(n)), g(n) = \Omega(h(n)) \quad \rightarrow \quad f(n) = \Omega(h(n))$$
$$f(n) = \theta(g(n)), g(n) = \theta(h(n)) \quad \rightarrow \quad f(n) = \theta(h(n))$$
$$f(n) = o(g(n)), g(n) = o(h(n)) \quad \rightarrow \quad f(n) = o(h(n))$$
$$f(n) = \omega(g(n)), g(n) = \omega(h(n)) \quad \rightarrow \quad f(n) = \omega(h(n))$$

2.自反性

$$f(n) = O(f(n))$$
$$f(n) = \Omega(f(n))$$
$$f(n) = \theta(f(n))$$

3.对称性与互对称性

（1）对称性
$$f(n) = \theta(g(n)) \leftrightarrow g(n) = \theta(f(n))$$
（2）互对称性
$$f(n) = O(g(n)) \leftrightarrow g(n) = \Omega(f(n))$$
$$f(n) = o(g(n)) \leftrightarrow g(n) = \omega(f(n))$$

八、渐近符号算术运算法则

$$O(f(n)) + O(g(n)) = O[\max(f(n), g(n))]$$
$$O(f(n)) + O(g(n)) = O(f(n) + g(n))$$
$$O(f(n)) * O(g(n)) = O(f(n) * g(n))$$
$$O(Cf(n)) = O(f(n))$$
$$f(n) = O(g(n)) \rightarrow O(f(n)) + O(g(n)) = O(g(n))$$

第四节 时间复杂度分析

一、常数时间复杂度

temp = i; i = j; j = temp

以上三条单个语句的频度均为1,该算法段的执行时间是一个与问题规模n无关的常数。算法的时间复杂度为常数阶,记作 $T(n) = O(1)$。

如果算法的执行时间不随着问题规模n的增加而增长,即使算法中有上千条语句,其执行时间也不过是一个较大的常数。此类算法的时间复杂度是 $O(1)$。[1]

二、依赖问题规模的时间复杂度

算法3-2 二重循环

1:x←0;y←o

2:for(k = 1;k< = n;k++)do

3: x++

4:end for

5:for(i = 1;i< = n;i++)do

6: for(j = l;j< = n;j++)do

7: y++

8: end for

9:end for

二重循环时间复杂度为 $T(n) = O(n^3)$。

三、与输入实例的初始状态有关的时间复杂度

在数值a[o,…,n – 1]中查找给定值K算法。

算法3-3 Search K

输入:a[n],K

输出:i

---

[1]姜武. 演化算法在连续搜索空间上的时间复杂度分析[D]. 合肥:中国科学技术大学,2018.

1:i←n－1

2:while(i>＝0&&a[i]≠K)do

3:　i－－

4:end while

5:return i

若a[n]中没有与K相等的元素,则语句3的频度f(n)＝n,这是最坏的情况。

若a[n]的最后一个元素等于K,则语句3的频度f(n)＝1,频度是常数1是最好的情况。

一般的假设查找不同元素的概率P是相同的,则算法的平均复杂度为:

$$\sum_{i=n-1}^{0} P_i (n-i) = \frac{1}{n}(1+2+3+\cdots+n)$$

$$= \frac{n+1}{2}$$

$$= O(n)$$

四、递归算法时间复杂度分析

算法3-4　Factorial N!(N<＝9)

输入:n

输出:fact(0n)

1:fact(n)

2:{

3:if(n＝0 or n＝1) then

4:　return 1

5:else

6:　return(n*fact(n－1))

7:end if

8:}

递归算法的执行过程以n＝3为例,调用过程如图3-3所示。

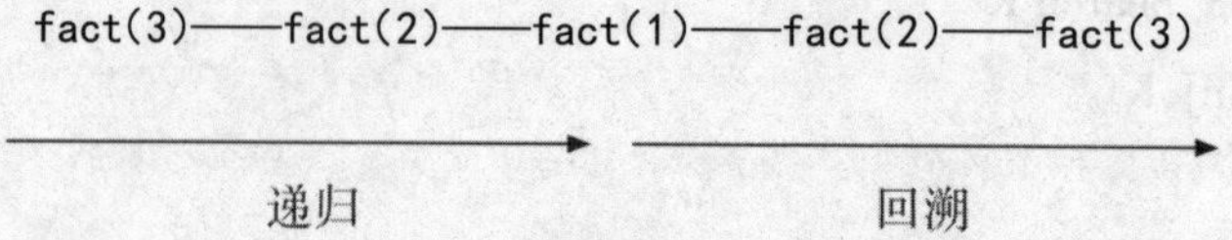

fact(3)——fact(2)——fact(1)——fact(2)——fact(3)

递归　　　　　　　　　　回溯

图 3-3　递归运行过程

通常算法运行时需要调用不同的模块,而递归算法每次递归调用同一模块,只是问题规模在逼近递归出口。根据计算机原理,每次递归调用都得用一个"栈"记录当前算法执行的状态,特别地设置地址栈,用来记录当前算法执行的位置,以备回溯时正常返回。

递归算法的三种形式如下:

(1)直接简单递归调用。

$$f(n)\{\cdots;a_1(\frac{n-k_1}{b_1});\cdots\}$$

(2)直接复杂递归调用。

$$f(n)\{\cdots;a_1f(\frac{n-k_1}{b_1});a_2f(\frac{n-k_2}{b_2});\cdots\}$$

(3)间接递归调用。

$$f(n)\{\cdots;a_1f(\frac{n-k_1}{b_1});\cdots\},g(n)\{\cdots;a_2f(\frac{n-k_2}{b_2});\cdots\}$$

五、迭代法

迭代递归算法通常的递归表达式如下:

$$T(n)=aT(n-1)+f(n)$$

该式描述的是将规模为n的问题划分为a个(n−1)子问题,这里a是正常数。划分原问题和合并结果的代价由函数f(n)描述。

六、主方法

主方法(主定理)通常可以解决的递归表达式如下:

$$T(n)=aT(\frac{n}{b})+f(n)$$

其中,a≥1;b > 1;f(n)为非递归函数,f(n)渐进趋正,即当n≥N时,f(n) > 0。

上面的递归式描述的是将规模为n的问题划分为a个子问题,并且每个子问题的规模是n/b,这里a和b是正常数。划分原问题和合并结果的代价由函数f(n)描述。

由$O(n^{\log_b a})$与$O(f(n))$的大小关系确定递归式复杂度:

(1)如果$O(n^{\log_b a}) < O(f(n))$,那么递归式复杂度为$O(f(n))$。

(2)如果$O(n^{\log_b a}) = O(f(n))$,那么递归式复杂度为$O(f(n)\log_b n)$。

(3)如果$O(n^{\log_b a}) > O(f(n))$,那么递归式复杂度为$O(n^{\log_b a})$。

第四章 递归与分治算法

第一节 递归的概念

一、递归思想

众所周知,任何可以用计算机求解的问题所需的计算时间都与其规模有关。而且,问题的规模越小,解题所需的计算时间通常也越小,从而也较容易处理。例如,对于n个元素的排序问题,当n=1时,不需要任何计算;当n=2时,只要一次比较即可排序;当n=3时只需进行两次比较即可;……当n比较大的时候,问题就不那么容易处理。换言之,就是要把一个不能或不好直接求解的"大问题"转化成一个或几个"小问题"来解决,再把这些"小问题"进一步分解成更小的"小问题"来解决,依此类推,直到每个"小问题"都可以直接解决为止。这种解题的思路就是递归思想。简言之,递归思想就是用与自身问题相似但规模较小的问题来描述自己。

利用递归算法解决的问题通常具有如下三个特性:①求解规模为n的问题可以转化成一个或多个结构相同、规模较小的问题,然后从这些小问题的解能方便地构造出大问题的解;②递归调用的次数必须是有限的;③必须有结束递归的条件(边界条件)来终止递归,即当规模n=1时,能直接得解。递归算法的执行过程划分为递推和回归两个阶段:在递推阶段,把规模为n的问题的求解推到比原问题的规模较小的问题求解,且必须要有终止递归的情况。在回归阶段,当获得最简单情况的解后,逐级返回,依次得到规模较大问题的解。

适于递归描述的问题很多,比较有代表性的问题是全排列、组合、深度优先搜索等。数据结构中,有关树的问题大都是用递归描述,比如树结构本身就是用递归描述的。

需要注意的是,用递归描述问题并不表示程序也一定要直接用递归实现。

递归方法的主要优点是结构清晰、可读性强,而且容易用数学归纳法来证明算法的正确性,因此它为设计算法、调试程序带来了很大方便。

递归方法的主要缺点是运行效率相对较低,无论是耗费的计算时间还是占用的存储空间都比非递归算法要多。通常的解决方法是消除递归算法中的递归调用,使递归算法转化为非递归算法。

理论上说,所有的递归算法都可以转换成非递归算法。把递归算法转化为非递归算法的方法有如下三种:①通过分析,跳过分解过程,直接用循环结构的算法实现求值过程;②用栈模拟算法的运行时栈,通过分析只保存必须保存的信息,从而用非递归算法替代递归算法;③利用栈保存参数,由于栈的后进先出特性与递归算法的执行过程相吻合,因而可以用非递归算法替代递归算法。[①]

二、子程序的内部实现原理

要理解递归,首先应理解一般子程序的内部实现原理。

(一)子程序调用的一般形式

子程序的调用一般有四种形式,分别如图4-1所示。

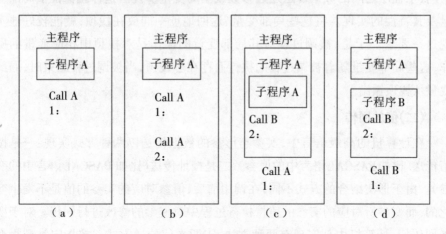

图 4-1 子程序的调用的四种形式

注:(a)为上次调用;(b)为n次调用;(c)为嵌套调用;(d)为平行调用。

对于图4-1(a),当主程序执行到call A时,系统自动地保存好1——语句在指令区的地址(为了叙述方便,不妨视地址为1,下同),便于调用A结束后能从系统获得返回地址,按地址执行下一条指令。

对于图4-1(b),主程序中有多次对同一子程序A的调用。在第i次重复调

---

①徐保民,陈旭东,李春艳. 计算机算法与实践教程[M]. 北京:清华大学出版社,2007.

用子程序 A 之前,系统自动地保存好地址 i,便于第 i 次调用 A 结束后能顺利地按地址 i 返回。这种情况与图4-1(a)所示的不一样,保存的地址有多个,但在某一时刻最多只保存一个地址,一旦获得地址返回后,保留的地址 i 被释放。

对于图4-1(c)、4-1(d),当主程序执行到 call A(call B)时,系统自动地保存好地址1,转入子程序 A(或 B),在第二次调用子程序 call B(或 call A)时,再保存好地址2,执行完子程序 B(或 A)之后,获得地址2返回,继续执行。当子程序 A(或 B)执行完之后,获得地址1并返回,接着执行到主程序完。图4-1(c)、4-1(d)两种情况与图4-1(b)不同,在某一时刻可能保存多个地址,而且后保存的地址先释放。因此,对返回地址的管理,需要用栈方式实现。

由此看出,系统在实现程序的调用时,要用栈方式管理调用程序时的返回地址。除了对地址的管理以外,系统要为支持程序的模块化提供局部变量的概念及实现。在内部实现时,编译系统为每个将要执行的子程序的局部变量(包括形参)分配存储空间,并限定这些局部变量不能由该子程序以外的程序直接访问,子程序之间的数据传送通过参数或全局变量实现。这样就保证了局部变量及其特性的实现。将这些局部变量、返回地址一同放在栈顶,就能较好地实现这一要求。于是,被调过程对其局部变量的操作是对栈顶中相应变量的操作,这些局部变量随着被调过程的执行而存在于栈顶,当被调过程结束时,局部变量从栈顶撤出。

(二)值的回传

在计算机的高级语言中,实参与形参的数据传送以两种方式实现:一是按值传送(比如 PASCAL 语言中的值参),二是按址传送(比如 PASCAL 语言中的变参)。由于形实结合的方式不同,在调用前后,值参对应的实参的值是不发生变化的,而变参所对应的实参的值将执行过程中对变参的修改进行回传。对于变参回传值,计算机内部实现有两种方法:①两次值传送方式。按指定类型为变参设置相应的存储空间,在执行调用时,将实参值传送给变参,在返回时将变参的值回传给实参。②地址传送方式。在内部将变参设置成一个地址,调用时首先执行地址传送,将实参的地址传送给变参,在子程序执行过程中,对变参的操作实际上变成对所对应的实参的操作。

在下面讨论递归问题时,对变参的值的回传用第一种方式,即两次值传送方式。

除了变参外,还有函数的值的回传。这种回传不能直接进行,一是因为要将仅能在被调用层使用的变量的值传送到调用层的变量,所以不能在调用层直接进行;二是由于各调用操作中实参的多样性,使得传送不能在被调用层直接进行。鉴于此,借用一个全局变量,通过栈实现回传。但是,这种方式会造成栈的结构上的不一致,以及调用操作的次序问题等不便之处。由于在某个时刻,最多只有一个返回操作,所以在后面讨论中,专设一个回传变量的全局变量,用于存放回传值。

(三)子程序调用的内部操作

综上所述,子程序调用的内部实现为两个方面:

在执行调用时,系统至少执行的操作。①返回地址进栈,同时在栈顶为被调子程序的局部变量开辟空间;②为被调子程序准备数据:计算实参值,并赋给对应的栈顶的形参;③将指令流转入被调子程序的入口处。

在执行返回操作时,系统至少执行的操作。①若有变参或是函数,将其值保存到回传变量中;②从栈顶取出返回地址;③按返回地址返回;④若有变参或是函数,从回传变量中取出保存的值传送给相应的变量或位置上。[1]

三、递归过程的内部实现原理

一个递归过程的执行类似于多个子程序的嵌套调用,递归过程是自己调用自己本身代码。如果把每一次的递归调用视为调用自身代码的复制件,则递归实现过程基本上和一般子程序的实现相同。当然,在内部实现时,系统并不是去复制一份程序代码放到内存,而是采用代码共享的方式,其细节不必深究。于是,前面提出的调用前系统做的三件事,与调用结束时系统还要做的四件事,对于递归调用仍亦如此。

第二节 分治法的基本思想

分治法就是将一个难以直接解决的大问题,分割成一些规模较小的相同问题,以便各个击破,分而治之。前面所讲的递归法是分治法的实现手段。

---

[1]余祥宣,崔国华,邹海明. 计算机算法基础 第3版[M]. 武汉:华中科技大学出版社,2006.

一、问题的提出

假设给定一个装有16个硬币的袋子，其中有一个伪造的硬币，其重量要比真硬币轻一些。现在的任务是要找出这个伪造的硬币。为了完成这一任务，将提供一台可用来比较两组硬币重量的仪器，利用这台仪器，可以知道两组硬币的重量谁轻、谁重，或者相同。

这一问题通常称为找伪币问题。要解决此类问题，常使用如下两种方法：

1.穷举法

首先比较硬币1与硬币2的重量。假如硬币1比硬币2轻，则硬币1是伪造的；假如硬币2比硬币1轻，则硬币2是伪造的。这样就完成了任务。假如两硬币重量相等，则比较硬币3和硬币4。同样，假如有一个硬币轻一些，则任务完成。假如两硬币重量相等，则继续比较其他硬币。依此类推，最多通过8次比较便可以确定出伪造的硬币。

这种解决问题的方法称为穷举法。穷举法的基本思想是在可能的解空间中逐一尝试，通过判定尝试的值是否与已知条件矛盾来确定其是否为问题的解。这种思想通常不需要知道输入条件与问题的解之间的关系，即在对问题求解毫无头绪的情况下总可以使用穷举法来解决。

显然，当情况较多时穷举法较为费时。实际上并不需要机械地检查每一种情况，常常是可以提前判断出某些情况不可能得到最优解，从而可以提前舍弃这些情况。这样既减少了比较次数，又保证了不漏掉最优解。

从穷举法的定义可以看出，适用于穷举法求解的问题必须是可预先确定解的个数，解变量的取值范围也可以预先确定。

2.分治法

把16个硬币看成一个大的问题：

第一步，把这一问题分成两个小问题。随机选择8个硬币作为第一组称为A组，剩下的8个硬币作为第二组称为B组。这样，就把16个硬币的问题分成两个8硬币的问题来解决。

第二步，判断A组和B组中是否有伪币。可以利用仪器来比较A组硬币和B组硬币的重量。假如两组硬币重量相等，则可以判断伪币不存在。假如两组硬币重量不相等，则存在伪币，并且可以判断它位于较轻的那一组硬币中。

在第三步中，用第二步的结果得出原先16个硬币问题的答案。若仅仅判断伪币是否存在,则第三步非常简单。无论A组还是B组中有伪币,都可以推断这16个硬币中存在伪币。因此,仅仅通过一次重量的比较,就可以判断伪币是否存在。

如果需要识别出这一伪币,则把两个或三个硬币的情况作为不可再分的小问题。在一个小问题中,通过将一个硬币分别与其他两个硬币比较,最多比较两次就可以找到伪币。

这样,16个硬币的问题就被分为两个8硬币(A组和B组)的问题。通过比较这两组硬币的重量,可以判断伪币是否存在。如果没有伪币,则算法终止。否则,继续划分这两组硬币来寻找伪币。假设B是轻的那一组,因此再把它分成两组,每组有4个硬币,称其中一组为B1,另一组为B2。比较这两组,肯定有一组轻一些。如果B1轻,则伪币在B1中。此时再将B1分成两组B11和B12,每组有两个硬币。比较这两组,可以得到一个较轻的组。由于这个组只有两个硬币,因此不必再细分,直接对组中两个硬币的重量进行比较,就可以确定哪一个硬币轻一些,从而找出所要找的伪币。

首先将一个规模为n的大问题,通过分解为k个规模较小的互相独立且与原问题结构相同的子问题;其次通过递归来求解这些子问题,然后对各子问题的解进行合并得到原问题的解,这种求解问题的思路称为分治法。

二、分治法的基本思想

分治法的设计思想是将一个难以直接解决的大问题,分割成一些规模较小的相同问题,以便各个击破,分而治之。[①]

如果原问题可分割成k个子问题,$1 < k \leq n$,且这些子问题都可解,并可利用这些子问题的解求出原问题的解,那么这种分治法就是可行的。由分治法产生的子问题往往同原问题类型一致而其规模却不断缩小,最终使子问题缩小到很容易直接求出其解。这样就可以使用递归法对子问题进行求解。

(一)分治法的使用条件

利用分治法求解的问题,应同时满足如下四点要求:

(1)原问题在规模缩小到一定程度时可以很容易地求解。

绝大多数问题都可以满足这一点,因为问题的计算复杂性一般是随着问题规模的减小而减小的。

(2)原问题可以分解为若干个规模较小的同构子问题。

---

①刘洪波. 计算机算法[M]. 大连:大连海事大学出版社,2020.11.

这一点是应用分治法的前提,此特征反映了递归思想。满足该要求的问题通常称该问题具有最优子结构性质。

(3)各子问题的解可以合并为原问题的解。

它决定了问题的求解可否利用分治法。如果这一点得不到保证,通常会考虑使用后面要讲的贪心法或动态规划法。

(4)原问题所分解出的各个子问题之间是相互独立的。

这一条涉及分治法的效率,如果各子问题是不独立的,则分治法要做许多不必要的工作,对公共的子问题进行重复操作,此时通常会考虑使用后面要讲的动态规划法。

(二)解决问题的步骤

利用分治法求解问题的算法通常包含如下几个步骤:

1.分解(Divide)

将原问题分解为若干个相互独立、规模较小且与原问题形式相同的一系列子问题。原问题应该分为多少个子问题才较适宜? 各个子问题的规模应该怎样才为适当? 这些问题很难找到一个统一的答案。实践证明,在用分治法设计算法时,最好使各子问题的规模大致相同。

2.解决(Conquer)

如果子问题规模小到可以直接解决则直接求解,否则需要递归地求解各个子问题。

3.合并(Combine)

将各个子问题的结果合并成原问题的解。有些问题的合并方法比较明显;有些问题的合并方法比较复杂,或者存在多种合并方案;有些问题的合并方案不明显。究竟应该怎样合并没有统一的模式,需要具体问题具体分析。

分治法的一般设计模式可以描述为:

```
Divide-and-Conquer(P){
    if|P|<=n0//若问题可以直接求解,则直接求解;
    return(adhoc(P));
    //将p分解为较小的子问题P₁,P₂,…,Pₖ;
    for(i=1;i<=k;i++){
        yᵢ=Divide-and-Conquer(Pi)//递归求解各子问题Pi
        T=merge(y₁,y₂,…,yₖ)//由子问题的解合并得到原问题的解
```

```
        return(T)}
    }
```

其中,|P|表示问题 P 的规模;n0 为一阈值,表示当问题 P 的规模不超过 n0 时,问题已容易直接解出,不必再继续分解。adhoc(P)是该分治法中的基本子算法,用于直接解小规模的问题 P。因此,当 P 的规模不超过 n0 时,直接用算法 adhoc(P)求解。算法 merge(y_1, y_2, …, y_k)是该分治法中的合并子算法,用于将 P 的子问题 P_1, P_2, …, P_k 的相应的解 y_1, y_2, …, y_k 合并为 P 的解。

从分治法的一般设计模式可以看出,用它设计出的算法一般是递归算法。因此,分治法的计算效率通常可以用递归方程来分析。

设问题规模为 1 时可直接得解,分解的子问题的规模相同,则有:

$$T(1)=1$$
$$T(n)=kT(n/m)+f(n)$$

其中,n 为问题的规模,n/m 为子问题的规模,n 为 m 的幂次,k 为分解的子问题的个数,f(n)为合并子问题的解所需的时间,则有:

$$T(n)=n^{\log_m k}+\sum_{j=0}^{\log_m n-1}k^j f(n/m^j)$$

第三节　二分检索技术

一、二分检索的含义

已知一个按非降次序排列的元素表 a_1, a_2, …, a_n,要求判定某给定元素 x 是否在该表中出现。若是,则找出 x 在表中的位置,并将此下标值赋给变量 j;若非,则将 j 置成 0。这个检索问题就可以使用分治法来求解。设该问题用 I=(n, a_1, a_2, …, a_n, x)来表示,将它分解成一些子问题,一种可能的做法是:选取一个下标 k,由此得到 3 个子问题:I_1=(k-1, a_1, …, a_{k-1}, x),I_2=(1, a_k, x)和 I_3=(n-k, a_{k+1}, …, a_n, x)。对于 I_2,通过比较 x 和 a_k 容易得到解决。如果 x=a_k,则 j=k 且不需再对 I_1 和 I_3 求解;否则,在 I_2 子问题中的 j=0,此时,若 x < a,则只有 I_1 留待求解,在 I_3 子问题中的 j=0。若 x > a,只有 I_3 留待求解,在 I_3 子问题中的 j=0 在与 a_k 做了比较之后,留待求解的问题(如果有的话)可以再一次使用分治方法来求解。如果求解的问题(或子问题)所选的下标 k 都是其中间元素的下标(例如,对于 1,k=[(n+1)/2]),则所产生的算法就是通常所说的二分检索。

二、以比较为基础检索的时间下界

对于在 n 个已分类元素序列上(即已按非降次序或非增次序排列的 n 个元素序列),在检索某元素是否出现问题时,能否预计还存在有以元素比较为基础的另外的检索算法,它在最坏情况下比二分检索算法在计算时间上有更低的数量级呢? 下面就来讨论这个问题。①

假设 n 个元素 A(1:n)有关系 A(1) < A(2) < ⋯ < A(n),要检索一给定元素 x 是否在 A 中出现。如果只允许进行元素间的比较而不允许对它们实施运算,则在这种条件下所设计的算法都称为以比较为基础的算法。根据二元比较树的定义,显然任何以比较为基础的检索算法在执行过程中都可以用二元比较树来描述。每个内结点表示一次元素比较,因此任何比较树中必须含有 n 个内结点,且分别与 n 个不同的 i 值相对应。每个外结点对应于一次不成功的检索。

下面的定理给出了以比较为基础的有序检索问题在最坏情况下的时间下界。

设 A(1:n)含有 n(n > 1)个不同的元素,排序为 A(1) < ⋯ < A(n);又设用以比较为基础去判断是否 x∈A(1:n)的任何算法在最坏情况下所需的最小比较次数是 FIND(n),那么 FIND(n) > [log(n+1)]。

证明通过考察模拟求解检索问题的各种可能算法的比较树可知,FIND(n)不大于树中由根到一个叶子的最长路径的距离。在这所有的树中都必定有 n 个内结点与 x 在 A 中可能的 n 种出现情况相对应。如果一棵二元树的所有内结点所在的级数小于或等于级数 k,则最多有 2^k-1 个内结点。因此,n≤2^k-1,即 FIND(n)=k≥[log(n+1)]。

证毕。

由上可知,任何一种以比较为基础的算法,其最坏情况时间都不可能低于 O(logn),因此,也就不可能存在其最坏情况时间比二分检索数量级还低的算法。事实上,二分检索所产生的比较树的所有外部结点都在相邻接的两个级上,而且不难证明这样的二元树使得由根到结点的最长路径减至最小,因此,二分检索是解决检索问题的最优的最坏情况算法。

①刘汉英.计算机算法[M].北京:冶金工业出版社,2020.

第四节　大整数的乘法

在一般的数值计算问题中,数乘作为算法中的基本操作,其速度由硬件技术决定。[1]但在有些应用,如计算机信息加密解密过程中,需要经常对大整数进行运算,提高大数乘法的速度也成了算法研究的对象。

设 X 和 Y 是两个 n 位的二进制数,按传统方法计算乘积 X·Y,需要 $O(n^2)$ 次位运算,我们看能否用分治策略缩小这一代价。为简化问题,设 $n = 2^k$,k 为正整数。

当 n = 1 时,计算 X·Y 就是一次位乘。对 X,Y 进行划分:

$$\begin{cases} X = A \cdot 2^{n/2} + B \\ Y = C \cdot 2^{n/2} + D \end{cases}$$

式中,A,B,C,D 为 n/2 位的二进制数,即

$$X \cdot Y = AC \cdot 2^n + (AD+BC) \cdot 2^{n/2} + BD$$

按上式进行计算,把计算 X·Y 的问题划分为 4 个子问题,即计算 n/2 位的二进制数的乘积 AC、AD、BC、BD。用同样方式计算完成之后,再通过三次 n/2 位的加法和两次移位,合并为 X·Y。显然,合并代价为 $O(n)$ 阶,因此,可得到下面的递归方程

$$T(n) = \begin{cases} 1, & n = 1 \\ 4T(n/2) + cn, & n > 1 \end{cases}$$

根据主项定理得:$T(n)=O(n^{\log_2 4})=O(n^2)$

与我们所期望的不同,简单的分治策略未达到改进的目的。事实上,把一个 n 位数乘法化为 4 次 n/2 位数乘法是不可能改进 $O(n^2)$ 的复杂度的。幸运的是,X·Y 可以有另一计算公式:

$$X \cdot Y = AC \cdot 2^n + [(A-B)(D-C)+BD+AC] \cdot 2^{n/2} + BD$$

上式虽然略显复杂,但却只有 AC、BD 和 (A-B)(D-C) 三次 n/2 位数的乘法,其合并代价稍有增加,6 次加减法、2 次移位,仍为 $O(n)$ 阶。时间复杂度的递归方程为

$$T(n) = \begin{cases} 1, & n = 1 \\ 4T(n/2) + cn, & n > 1 \end{cases}$$

---

[1]葛显龙. 智能算法及应用[M]. 成都:西南交通大学出版社,2017.

方程的解为：

$$T(n)=O(n^{\log_2 4})\approx O(n^{1.59})$$

这个算法的设计过程非常清楚地指明了以下两点：

第一，分治策略用于算法设计，往往需要一些技巧。

第二，表面上，分治只是把一个大问题分成几个子问题，分别计算然后再合并为问题的解，这里似乎没有什么明显的节省，但效果却很显著。对于最大元最小元问题，分治策略把计算代价从2n-3减为(3n/2)-2，大致减少了1/4的工作量；而在n位数乘问题中，分治产生了更大的效果，从$O(n^2)$减少到$O(n^{1.59})$，当n较大时，可能会成倍地减速，因为就$n^{0.41}$这个因子来说，在n=1 000时，它大于16。

我们并未给出大整数乘法的算法的描述，因为没有一条作为基本操作的位乘指令，因此，算法的优越性只能通过模拟算法来体现。选用这个实例，主要是因为它简单、典型、容易理解，它对用于大整数相乘的专用逻辑电路的设计有现实的意义。[①]

第五节　合并排序

合并排序是一种概念上最为简单的排序算法，无论是从理论上的渐近分析还是实际的运行时间，该算法的速度都是很快的。合并排序基本思想是：合并排序是将一个数组分成两个长度相等的子数组，调用递归对每一个子数组排序，然后再将它们合并成一个数组。合并两个有序子数组的过程称为归并，合并排序的运行时间并不依赖于数组中元素所在的位置。

在讨论如何进行合并排序之前，首先讨论怎样将两个已排序的数组合并成一个有序数组。实现的方法很简单，把两个已排序的数组作为输入数组，使用另一个长度与两个输入数组长度之和相等的数组作为辅助空间，然后对两个输入数组的第一个元素进行比较，并将较小的元素作为合并数组中的最小值，把这个最小值从它所在的输入数组中取出，并放到输出数组的第一个位置。重复这个过程，不断比较两个输入数组中没有被处理序列的最前端的元素，并将其结果中较小的元素依次放入输出数组中，直到输入数组中没有元素为止。

---

①刘璟. 计算机算法引论　设计与分析技术[M]. 北京：科学出版社，2003.

第六节　快速排序

这一节描述一个非常流行并且高效的排序算法:快速排序。该排序算法具有 O(nlogn) 的平均运行时间,是迄今为止所有内排序算法中在平均情况下最快的一种。快速排序应用广泛,在 Unix 系统中调用库函数 qsort,就是对无序数组实现快速排序。[①]

快速排序基本思想是:首先在数组 A[1,…,n] 中选择一个轴值 x,假设输入的数组中有 k−1 个小于 x 的元素,于是把这 1,…,k 个元素分别放在数组最左边的 A[1,…,k] 个位置上,而大于 x 的元素分别放在数组最右边的 A[k+1,…,n] 个位置上。这称为以 x 为轴对数组的划分。在给定划分中的值不需被排序,只要求所有元素都放到正确的分组位置中。而轴值的位置就是数组下标 k。快速排序再对轴值的左右子数组分别递归地重复以上过程,其中左子数组有 k−1 个元素,而另一个右子数组有 n−k 个元素。下面给出具体实现快速排序算法的伪码。

算法:quicksort。

输入:数组 A[1,…,n] 和参数 n。

输出:从小到大排序数组 A[1,…,n]。

quicksort(A[p,…,r],p,r)

1　if p<r

2　k=partition(A[p,…,r],p,r)

3　quicksort(A[p,…,k−1],p,k−1)

4　quicksort(A[k+1,…,r],k+1,r)

快速排序首先是调用以 x 为轴值对数组划分的函数 partition,那么怎样选择轴值 x 呢? 选择轴值 x 有多种方法。我们采用最简单的方法就是选择最后一个元素作为轴值 x。如果使用另一个相同大小数组 B[1,…,n] 作为辅助空间,那么划分一个给定的数组 A[1,…,n] 是相当简单的问题。下面给出用另一个数组作为辅助空间,具体实现数组划分算法的伪码。

算法:partition1。

[①]李驰. 快速排序算法优化策略[J]. 电脑知识与技术,2021,17(01):226-228.

输入:数组 A[1 = n]和两个参数 1 和 n。

输出:元素 A[n]所在重新排列数组 A 中的下标记为 k,其中在重新排列数组 A 中,下标 k 之前的元素都小于或等于 A[n],而下标 k 之后的元素都大于 A[n]。

partition1(A[p,⋯,r],p,r)

```
1   j=1
2   for i=p to r−1
3   if A[p]≤A[r]
4     B[j++]=A[p]
5   k=j,B[j++]=A[r]
6   for i=p to r−1
7   if A[p] > A[r]
8     B[j++]=A[p]
9   for i=p to r
10  A[p]=B[p]
11  return k,A[p,⋯,r]
```

算法 partition1 实现了划分数组的功能,并使用相同大小数组作为辅助空间。下面我们将讨论在没有辅助数组的情况下进行划分。现在来分析算法 partition1,如果事先知道有多少个元素比轴值 x 小,则算法 partition1 只需将比轴值小的元素放到数组的左端,而比轴值大的元素放到右端。由于事先并不知道有多少元素比划分点(轴值)小,可用一种较为巧妙的方法来解决:从数组的左端移动下标,必要时交换元素位置,直到下标到达数组的最右端为止。下面给出不需要辅助空间,具体实现数组划分算法的伪码。

算法:partition

输入:数组 A[1,⋯,n]。

输出:元素 A[n]所在重新排列数组 A 中的下标记为 k,其中在重新排列数组 A 中,下标 k 之前的元素都小于或等于 A[n],而下标 k 之后的元素都大于 A[n]。

partition(A[p,⋯,r],p,r)

```
1   k=p−1
2   for j =p to r−1
3   if A[p]≤A[r]
4     k=k+1
```

5　if k≠p

6　　A[p]↔A[i]

7　　A[k+1]↔A[r]

8　return k+1,A[p,…,r]

当数组为A[5,8,3,9,0,1,4],执行数组划分算法partition。

在执行完函数partition后,现在当数组为A[5,8,3,9,0,1,4],执行快速排序算法quicksort。

然后我们分析快速排序算法quicksort的时间复杂性,首先分析函数partition的运行时间,函数partition包含一个for循环,运行时间取决于执行比较语句次数。如果数组的长度为n,那么执行比较语句n次。所以对长度为n的数组,调用函数partition的运行时间为O(n)。

估算算法的执行时间,用T(n)代表算法输入问题规模为n时,快速排序算法执行比较语句的次数。

当n=1时:数组中仅有一个元素,快速排序算法在第1行执行比较语句,时间为O(1)。也就是说,此时数组已排序,所以T(1)=1。

当n>1时:计算执行比较语句的次数。在第1行执行比较语句,时间为O(1);在第2行,调用函数partition的运行时间为O(n)。假设通过函数partition计算出轴值的下标为k,第3行递归调用,调用规模为k-1的问题,执行比较语句T(k-1)次;第4行递归调用,调用规模为n-k的问题,执行比较语句T(n-k)次。所以,快速排序算法执行比较语句的次数满足下列递推关系:

T(n)=T(k-1)+T(n-k-1)+O(n),且T(1)=1

第五章 动态规划算法

第一节 动态规划原理

分治算法的思想是将计算问题分解为规模较小的相似的子问题,然后分别求解这些子问题,再将子问题的解合并为原始问题的解。很多实际问题均存在高效的分治算法。然而,分治算法相对简单、直观、独立地处理各个子问题,而不对划分产生的各个子问题的特性和相互联系进行研究并在算法设计过程中加以利用,导致了求解某些问题的分治算法的效率不高。

例如,为计算初始值为 $F(0)=F(1)=1$ 且满足递归方程 $F(n)=F(n-1)+F(n-2)$ 的斐波那契数列的第 n 项 $F(n)$,在划分阶段可以根据数列的递归方程直接将计算 $F(n)$ 转化成求解子问题 $F(n-1)$ 和 $F(n-2)$;递归阶段则用递归调用算法分别计算 $F(n-1)$ 和 $F(n-2)$,递归过程中如果 n 等于 0 或 1 则直接使用初始值;合并阶段仅需将 $F(n-1)$ 与 $F(n-2)$ 求和。显然,上述分治算法的时间复杂度 $T(n)$ 满足递归方程 $T(n)=T(n-1)+T(n-2)+O(1)$,可知 $T(n)$ 不是多项式有界的。上述分治算法效率低下的原因在于,它忽略了子问题之间的联系,导致大量子问题反复求解。事实上,如图 5-1 所示,算法计算 $F(n)$ 时需要递归计算 $F(n-1)$ 和 $F(n-2)$,递归计算 $F(n-1)$ 时需要计算 $F(n-2)$ 和 $F(n-3)$;显然,$F(n-2)$ 被重复求解。类似地,其他子问题也被重复求解,且递归深度越大,子问题被重复求解的次数越多。

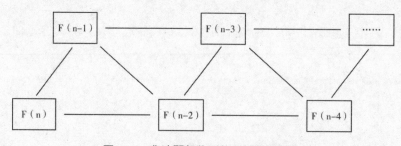

图 5-1 斐波那契数列的子问题重叠性

为了避免子问题重复求解,可以从规模最小的子问题开始自底向上地求解各个子问题,并将子问题的解存储在一个数据结构中,在需要重复求解子问题时通过查询数据结构直接获得该子问题的解。例如,对于斐波那契数列,可以用一维数组 A[0:n]记录子问题的解。根据数列的初始值令 A[0]=A[1]=1,然后根据 F(i)=F(i-1)+F(i-2)依次计算 A[3],…,A[n]。计算 A[i]时,只需查询已经求解过的子问题的解 A[i-1]和 A[i-2]并将它们求和。显然,上述计算过程的时间复杂度为 $\theta(n)$。

上述过程即动态规划,它采用分治思想求解计算问题,并利用子问题之间的关联特性来提高计算效率,其设计过程依赖问题的两个特征。其一是递归式 F(n)=F(n-1)+F(n-2)表明的问题具有子结构性质,即子问题的解可以用来构造原问题的解。子结构性质说明记录在数据结构中的规模较小的子问题的解可以用于构造规模较大的子问题的解,即记录的信息在求解问题的过程中可以被重复使用。其二是问题具有子问题重叠性,即用分治策略求解问题时有些子问题会被反复求解,因此,利用恰当数据结构记录子问题的解必然可以避免重复计算,达到提高计算效率的目的。[1]

动态规划方法由理查德·贝尔曼(Richard.E.Bellman)于 1957 年在其著作 *Dynamic Programming* 中提出。同年,他和勒思特尔·福特(Lester.Ford)将动态规划方法用于求解图上的最短路径问题,得到著名的 Bellman-Ford 算法。该算法克服了 Dijkstra 算法不能处理带有负环的图等问题。值得注意的是,*Dynamic Programming* 中"Programming"一词并非"编程"之意,而是"借助表格求解问题"之意,即表格查询法(Tabular method)。这与单纯形方法借助增广矩阵求解线性规划(Linear programming)的方法类似。例如,前面求解斐波那契数列第 n 项时借助的数组 A[0:n]可以视为表格,问题的求解正是通过对表格元素的插入、修改、删除等一系列操作来实现的。动态规划的主要目的是求解一类优化问题。

优化问题是在一组给定的约束条件 C 和一个实值代价函数 F(x)下,其中 F(x)对满足 C 的任意结构 x 有定义,求解满足 C 并使得 F(x)达到最小值或最大值的结构 x。

定义 5-1 如果优化问题的解可以通过它的一系列子问题的解构造得到,则称该优化问题具有优化子结构。

①卢扬城,毛玉萃,关泽群. 程序类竞赛中的动态规划算法探讨[J]. 电脑知识与技术,2021,17(21):93-96.

优化问题是否具有优化子结构需要算法设计者充分发挥想象力和创造力，对问题进行研究和分析。分析优化子结构的过程需要分析问题的解涉及哪些子问题的解，以及这些子问题的解如何通过恰当的运算得到原问题的解，常见的运算包括min、max、四则运算、平方、开方等。

定义5-2 如果根据优化问题的优化子结构直接采用分治方法求解该问题将导致某些子问题被重复求解，则称该优化问题具有子问题重叠性。

对于具有优化子结构和子问题重叠性的优化问题，可以根据优化子结构设计数据结构和子问题的求解次序，从规模最小的子问题开始自底向上地计算各个子问题的解，确保每个子问题仅求解一次，将求得的子问题的解和构造最优解需要的信息存储在数据结构中。然后，再根据最优解的构造信息得到优化问题的解。依上述算法框架设计得到的算法统称为动态规划算法。由此可见，针对优化问题设计动态规划算法大致可分为以下四个步骤。

第一步，分析最优解的结构。该步骤分析优化问题是否具有优化子结构和子问题重叠性。例如，斐波那契数列的递归定义式$F(n) = F(n-1) + F(n-2)$表明该问题具有优化子结构，因为计算$F(n)$仅需将子问题的解$F(n-1)$和$F(n-2)$求和。

第二步，递归地定义最优解的代价。该步骤递归地定义优化子结构中各个子问题的解（或解的代价），并根据优化子结构将规模较大的子问题的解（或解的代价）通过恰当的数学运算表达成规模较小的子问题的解（或解的代价）。由此建立解（或解的代价）的递归方程，同时给出递归方程的初始值。通常，递归方程的初始值给出了规模最小的子问题的解（或解的代价）。例如，斐波那契数列中的递归方程为$F(n) = F(n-1) + F(n-2)$，其初始值为$F(0) = F(1) = 1$。

第三步，自底向上地计算。根据第二步得到的递归方程及其初始化条件，设计数据结构和子问题的计算次序，确保该次序中处理规模较大的子问题时递归方程中涉及的规模较小的子问题的解（或解的代价）均已被计算出来存储在数据结构中，这使得相应子问题的解可以通过查询数据结构来获得。然后，根据递归方程的初始条件，自底向上地计算最优解的代价并保存，获取构造最优解的信息。例如，对于斐波那契数列，计算次序应确保在计算$F(i)$之前$F(i-1)$和$F(i-2)$已经被计算出来。

第四步，构造最优解。根据第三步获取的构造最优解的信息，最终将问题的解构造出来。

第二节 最长公共子序列问题

下面的简单问题说明了动态规划的基本原理。在字母表Σ上,分别给出两个长度为n和m的字符串A和a,确定在A和a中最长公共子序列的长度。这里,A =$a_1,a_2,\cdots,a_n$的子序列是一个形式为a_{i1},a_{i2},a_{ik}的字符串,其中每个i都在1和n之间,并且$1\leqslant i_1<i_2<\cdots<i_k\leqslant n$。例如,如果2 ={x,y,z},A=zxyxyz和a=xyyzx,那么aeyy同时是A和a的长度为3的子序列。然而,它不是A和a最长的公共子序列,因为字符串xyyz也是A和a公共的子序列,由于这两个字符中没有比4更长的公共子序列,因此,A和a的最长的公共子序列的长度是4。

解决这个问题的一种途径是蛮力搜索的方法:列举A所有的2^n个子序列,对于每一个子序列在$\theta(m)$时间内来确定它是否也是a的子序列。很明显,此算法的时间复杂性是$\theta(m2^n)$,是指数复杂性的。

为了使用动态规划技术,我们首先寻找一个求最长公共子序列长度的递推公式,令A=$a_1,a_2,\cdots,a_n$和a=$b_1,b_2,\cdots,b_n$,令L[i,j]表示$a_1,a_2,\cdots,a_i$和$b_1,b_2,\cdots,b_j$的最长公共子序列的长度。注意,i和j可能是0,此时,$a_1,a_2,\cdots,a_i$和$b_1,b_2,\cdots,b_j$中的一个或两个同时可能为空字符串。即如果i=0或j=0,那么L[i,j]=0。很容易证明下面的观察结论。[1]

如果i和j都大于0,那么,若$a_i=b_j$,L[i,j]=L[i-1,j-1]+1;若$a_i\neq b_j$,L[i,j]=max{L[i,j-1],L[i-1,j]}。

下面计算A和B的最长公共子序列长度的递推式,即

$$L[i,j] = \begin{cases} 0, & \text{若} t = 0 \text{或} j = 0 \\ L[i-1,j-1] + 1, & \text{若} i > 0, j > 0 \text{和} a_i = b_j \\ \max\{L[i,j-1],L[i-1,j]\}, & \text{若} i > 0, j > 0 \text{和} a_i \neq b_j \end{cases}$$

现在可以直接用动态规划技术求解最长公共子序列问题。对于每一对i和j的值,$0\leqslant i\leqslant n$和$0\leqslant j\leqslant m$,我们用一个$(n+1)\times(m+1)$的表来计算L[i,j]的值,只需要用上面的公式逐行地填表L[0$\cdots$n,0$\cdots$m]。在算法LCS中形象地描述了这种方法。

---

①郑子君,王洪,余成. 求解最长循环公共子序列问题的两个算法[J]. 计算机应用研究,2020,37(11):3334-3337+3358.

算法 5-1 LCS

输入：字母表Σ上的两个字符串A和B，长度分别为n和m。

输出：A和B最长公共子序列的长度。

1.for i←0 to n

2.　L[i,0]←0

3. end for

4.for j←0 to m

5.　L[j,0]←0

6.end for

7.for i←1 to n

8. for j←1 to m

9.　if $a_i,=b_j$, then L[i,j]←L[i−1,j−1] +1

10.　else L[i,j]←max{L[i,j−1],L[i−1,j]}

11.　end if

12. end for

13.end for

14. return L[n,m]

算法LCS可以方便地修改成让它输出最长公共子序列。显然，由于计算表的每项输入需要θ(1)时间，因此，算法复杂性正好是表的大小θ(nm)。算法可以很容易地修改成只需要θ(min{m,n})空间，这意味着：

定理5-1　最长公共子序列问题的最优解能够在θ(nm)时间和θ(min{m,n})空间内得到。

第三节　矩阵链乘法

由矩阵乘法的定义可知，p×q矩阵 $A = \left(a_{ij}\right)_{p \times q}$ 与q×r矩阵 $B = \left(b_{ij}\right)_{q \times r}$ 的乘积

矩阵是一个p×r矩阵 $C = \left(c_{ij}\right)_{p \times r}$，其中，$C_{ij} = \sum_{k=1}^{q} a_{ik} \times b_{kj}$。

可见，计算任意 c_{ij} 需要q次数值乘法和q-1次数值加法。由于数值乘法的

代价远高于数值加法的代价,故用数值乘法的次数衡量矩阵乘法的代价。于是,p×q的矩阵与q×r的矩阵相乘的代价为pqr。

由于矩阵乘法满足结合律,计算一系列矩阵的连乘积有多种方案,并且不同方案的代价也不相同。例如,矩阵连乘积$A_{10×100}×B_{100×5}×C_{5×50}$可通过$(A_{10×100}×B_{100×5})×C_{5×50}$和$A_{10×100}×(B_{100×5}×C_{5×50})$两种方案实现。前者的代价为10×100×5+10×5×50=7500,而后者的代价为100×5××50+10×100×50=75000。可见,不同乘法方案的代价差别很大。因此,有必要为9个矩阵连乘找出代价最小的乘法方案,我们将计算问题形式化定义如下:

输入:n个矩阵$A_1,\cdots,A_n$,其规模存储于数组P[0:n],A是P[i-1]×P[i]矩阵。

输出:计算连乘积$A_1 \cdot A_2 \cdots A_{n-1} \cdot A_n$要穷举所有可能的乘法方案,即考虑插入括号为每次矩阵乘法指定操作矩阵的各种方案。由于矩阵乘法满足结合律,完成矩阵连乘积的方案很多。用p(n)表示n个矩阵连乘积$A_1 \cdot A_2,\cdots A_{n-1} \cdot A_n$的方案数,对于每个k值,1≤k≤k-1,可以通过$(A_1 \cdot A_2,\cdots A_k) \cdot (A_{k+1} \cdot A_{k+2},\cdots A_n)$计算连乘积。计算连乘积$A_1 \cdot A_2,\cdots A_k$有p(k)种方案,计算$A_{k+1} \cdot A_{k+2},\cdots A_n$有p(n-k)种方案,前者的每个方案和后者的每个方案一起构成按$(A_1 \cdot A_2 \cdots A_k) \cdot (A_{k+1} \cdot A_{k+2},\cdots A_n)$计算连乘积的一个方案。因此,p(n)满足递归方程:

$$\begin{cases} p(n) = 1, n = 1 \\ p(n) = \sum_{k=1}^{n-1} p(k)p(n-k), n \geq 2 \end{cases}$$

可知,$p(n) = C(n-1) = \text{Cantalan数} = \dfrac{1}{n}\dbinom{2(n-1)}{n-1} = O\left(4^n/n^{\frac{3}{2}}\right)$

由此可见,用蛮力法穷举如此大的解空间是不可行的。

一、优化子结构

如上所述,任何一个乘法方案F必然在某个k值(1≤k≤n-1)上按照$(A_1 \cdot A_2,\cdots A_k) \cdot (A_{k+1} \cdot A_{k+},\cdots A_n)$计算连乘积,因此,F在$A_1 \cdot A_2,\cdots A_k$上的限制$F_{1-k}$即为$A_1 \cdot A_2,\cdots A_k$的一个乘法方案,F在$A_{k+1} \cdot A_{k+2},\cdots A_n$上的限制$F_{k+1-n}$即为$A_{k+1} \cdot A_{k+2},\cdots A_n$的一个乘法方案。如果F是代价最小的乘法方案,则$F_{1-k}$必是$A_1 \cdot A_2,\cdots A_k$的代价最小的方案,而$F_{k+1-n}$是$A_{k+1} \cdot A_{k+2},\cdots A_n$的代价最小乘法方案;否则,将$F_{1-k}$或$F_{k+1-n}$调换成相应连乘积的代价最小乘法的方案,则将得到代价比F更小的方案,这说明,问题的解可以通过子问题的解构造得到,即问题具有优化子

结构。[①]

二、重叠子问题

利用问题的优化子结构,可以得到如下的分治算法。

算法 5-2 Simple Chain

输入:矩阵 $A_i, \cdots, A_j$ 的规模,存储于数组 $P[i-1:j]$, A_k 是 $P[k-1] \times P[k]$ 矩阵。

输出:计算连乘积 $A_i, \cdots, A_j$ 代价最小的乘法方案 F_{i-j} 及其开销 $cost_{ij}$。

1. $cost_{ij} \leftarrow +\infty$

2. for k=i to j−1 do

3. $F_{i-k}, cost_{ik} \leftarrow$ Simple Chain$(P[i-1, k])$;

4. $F_{k+1-j}, Cost_{k+1j} \leftarrow$ Simple Chain$(P[k+1, j])$;

5. if $cost_{ij} > cost_{ik} + cost_{k+1j} + P[i] \cdot P[k] \cdot P[j]$ Then

6. $F_{i-j} \leftarrow F_{i-k}$ 的合并;$cost_{ij} \leftarrow cost_{ik} + cost_{k+1j} + P[i] \cdot P[k] \cdot P[j]$;

7. 输出 F_{i-j} 和 $cost_{ij}$

分析算法的时间复杂度可知

$$T(n) = \sum_{1 \leqslant k \leqslant n} \left[T(K) + T(n-k) + \theta(1) \right]$$

于是 $T(n) \geqslant T(n-1) + T(N-2) + \theta(1)$。因此,可知 $T(n)$ 不是多项式有界的。分析算法 Simple Chain 的执行过程,可以发现其效率低下的原因在于有许多子问题被重复求解。

三、递归定义最优解的代价

已经看到,求解矩阵链乘法的最优方案时需要处理的子问题均是计算连续若干个矩阵。

连乘的最优方案,即求解形如 $A_i \cdot A_{i+1} \cdot \cdots \cdot A_j$ 的连乘积的最优乘法方案。由于 $i \leqslant j$,故求解矩阵链乘法时需要考虑的子问题共有 $n(n-1)/2$ 个。于是子问题空间的大小为 $\theta(n^2)$。

令 m_{ij} 表示连乘积 $A_i \cdot A_{i+1} \cdot \cdots \cdot A_j$ 的最优乘法方案的代价。由矩阵链乘法的优化子结构和上述分治算法可以得到

$$\begin{cases} m_{ij} = 0, & i = j \\ m_{ij} = \min_{i \leqslant k \leqslant j} \{ m_{ik} + m_{k+1} p_i p_k p_j \}, & i < j \end{cases}$$

---

①刘鐘. 基于矩阵变换的大数据隐私保护关键技术研究[D]. 郑州:战略支援部队信息工程大学,2020.

四、自底向上计算解的代价

根据最优解的代价方程,可以采用二维数组 M[1:n][1:n] 存储所有子问题的解的代价,M[i,j] 记录 $A_i \cdot A_{i+1} \cdots A_j$ 的最优乘法方案的代价。另用二维数组 S[1n,1n] 记录最优解的结构信息。

由于使得方程 $m_{ij} = \min_{i \le k \le j}\{m_{ik} + m_{k+1}p_ip_kp_j\}$ 取等号的 k 值意味着连乘积 $A_i \cdot A_{i+1} \cdots A_j$ 应按照 $(A_i \cdots A_k) \cdot (A_{k+1} \cdot A_{k+2} \cdots A_j)$ 进行计算,故 S[i][j] 记录该 k 值即可。根据初始化条件,M[i,i]=0,其中,$1 \le i \le n$。为避免子问题重复求解,在计算 M[i,j] 前,需要确保相关的子问题的解的最优代价 M[i] 和 M[k+1,j](其中,$i \le k < j$)均已被计算出来。

算法 5-3 Matrix Chain Order

输入:矩阵 $A_1, \cdots, A_n$ 的规模,存储于数组 P[0:n],A 是 P[i-1]×P[i] 矩阵。

1. n←length(P[])-1;

2. for i←1 To n Do   /*初始化*/

3.   M[i,i]←0;

4. for i←2 To n Do   /*处理第1条对角线*/

5. for i←1 To n-1+1 Do /*依次处理每行的元素*/

6.   j←i+1-1;

7.   M[i,j]←+∞;   /*下面计算 $m_{i+j}=\min_{i \le k \le j}\{m_{ik}+m_{k+1}+P_{i-1}P_kP_j\}$*/

8. for k←i To j-1 Do

9.   q←M[i,k]+M[k+1,j]+P[i-1]P[k]P[j];

10.   if q<M[i,j] Then M[i,j]←q;S[i,j]←k;

11. 输出 M 和 S

由于算法 Matrix Chain Order 的主要结构是第 4~10 步的三层循环,循环体第 9~10 步的代价不超过一个常数,故算法的时间复杂度为 $\theta(n^3)$。算法需要数组 M[1:n][1:n] 和数组 S[1:n][1:n],故算法的空间复杂度为 $\theta(n^2)$。

五、构造最优解

利用算法 Matrix Chain Order 的输出数组 s[1:n][1:n] 所记录的最优解结构信息,可以有效地构造连乘积 $A_1 \cdot A_2 \cdots A_{n-1} \cdot A_n$ 的代价最小的乘法方案。事实上,由于 S[1][n]=h 表明连乘积 $A_1 \cdot A_2 \cdots A_{n-1} \cdot A_n$ 的最优乘法方案应按照 $(A_1 \cdot A_2 \cdots A_k) \cdot (A_{k+1} \cdot A_{k+2} \cdots A_n)$ 进行,所以只需递归地构造 $A_1 \cdot A_2 \cdots A_k$ 和 $A_{k+1} \cdot A_{k+2} \cdots A_n$ 的乘法方案,并

相应地进行合并。我们得到如下的递归算法。

算法 5-4 Matrix Chain Solution

输入：算法 Matrix Chain Order 输出的最优解结构信息数组 S[1:n][1:n]，整数 i, j。

输出：$A_i \cdot A_{i+1} \cdots \cdots A_j$ 的代价最小的乘法方案。

1. if i=j Then 输出 "A，"，算法结束
2. 输出 "("；
3. Matrix Chain Solution(S[][], i, S[i][j])；
4. Matrix Chain Solution(S[][], S[i][j]+1, j)；
5. 输出 ")"

第四节　0-1 背包问题

给定一个载重量为 M 的背包及 n 个重量为 w_i、价值为 p_i，的物体，$1 \leqslant i \leqslant n$，要求把物体装入背包，使背包内的物体价值最大，我们把这类问题称为"背包问题"。本节则将讨论物体不可分割的问题，通常称物体不可分割的背包问题为背包问题的求解过程。

在 0-1 背包问题中，物体或者被装入背包，或者不被装入背包，只有两种选择。假设 x_i 表示物体 i 被装入背包的情况，$x_i=0, 1$。当 $x_i=0$ 时，表示物体没被装入背包；当 $x_i=1$ 时，表示物体被装入背包。根据问题的要求，有下面的约束方程和目标函数：

$$\sum_{i=1}^{n} w_i x_i \leqslant M, \qquad optp = \max \sum_{i=1}^{n} p_i x_i$$

于是，问题归结为寻找一个满足上述约束方程并使目标函数达到最大的解向量 $X = (x_1, x_2, \cdots, x_n)$。

这个问题也可以用动态规划的分阶段决策方法，来确定把哪一个物体装入背包是最优决策。假定背包的载重量范围为 0~m。类似于资源分配那样，令 $optp_i(j)$ 表示在前 i 个物体中能够装入载重量为 j 的背包中的物体的最大价值，j=1, 2, …, m。显然，此时在前 i 个物体中，有些物体可以装入背包，有些物

体不能装入背包。于是,可以得到下面的动态规划函数:

$$optp_i(j) = \begin{cases} optp_i - 1, < w \\ \max\{optp_i - 1, optp_{i-1}(j-w) + p_i\}, j \geq w \end{cases} \tag{5-2}$$

式(5-1)表明:把前面 i 个物体装入载重量为 0 的背包,或者把 0 个物体装入载重量为 j 的背包,得到的价值都为 0。式(5-2)的第 1 式表明:如果第 i 个物体的重量大于背包的载重量,则装入前面 i 个物体得到的最大价值,与装入前面 i-1 个物体得到的最大价值一样(第 i 个物体没有装入背包)。第 2 式中的 $optp_{i-1}(j-w_i)+p_i$ 表明:当第 i 个物体的重量小于背包的载重量时,如果把第 i 个物体装入载重量为 j 的背包,则背包中物体的价值,等于把前面 i-1 个物体装入载重量为 j-w 的背包所得到的价值加上第 i 个物体的价值 p;如果第 i 个物体没有装入背包,则背包中物体的价值,就等于把前面 i-1 个物体装入载重量为 j 的背包所取得的价值。显然,这两种装入方法在背包中所取得的价值不一定相同。因此,取这二者中之最大者,作为把前面 i 个物体装入载重量为 j 的背包所取得的最优价值。

按下述方法来划分阶段:第一阶段,只装入一个物体,确定在各种不同载重量的背包下,能够得到的最大价值;第二阶段,装入前两个物体,按照式(5-2)确定在各种不同载重量的背包下,能够得到的最大价值……依此类推,直到第 n 个阶段。最后,$optp_n(m)$ 便是在载重量为 m 的背包下,装入 n 个物体时能够取得的最大价值。[①]

为了确定装入背包的具体物体,从 $optp_n(m)$ 的值向前倒推。如果 $optp_n(m)$ 大于 $optp_{n-1}(m)$,表明第 n 个物体被装入背包,则前 n-1 个物体被装入载重量为 m-10 的背包中;如果 $optp_n(m)$ 小于或等于 $optp_{n-1}(m)$,表明第 n 个物体未被装入背包,则前 n-1 个物体被装入载重量为 m 的背包中……依此类推,直到确定第一个物体是否被装入背包为止。由此,得到下面的递推关系式:

若 $optp_i(j) \leq optp_{i-1}(j)$,则 $x_i = 0$ \tag{5-3}

若 $optp_i(j) > optp_{i-1}(j)$ 则 $x_i = 1, j = k - w$ \tag{5-4}

按照上述关系式,从 $optp_n(m)$ 的值向前倒推,就可确定装入背包的具体物体。因此,可以按下面的步骤来求解 0-1 背包问题:

(1)初始化,对满足 $0 \leq i \leq n, 0 \leq j \leq m$ 的 i 和 j,令 $optp_i(0)=0, optp_o(j)=0$。

---

①代祖华,周斌,龙玉晶,王宗泉. 折扣 {0/1} 背包问题粒子群算法的贪婪修复策略探究 [J/OL]. 计算机应用研究:1-7[2022-07-18].

(2)令i=1。

(3)对满足1≤j≤m的j,按式(5-2)计算$optp_i(j)$。

(4)i=i+1,若i>n,转步骤(5);否则,转步骤(3)。

(5)令i=n,j=m。

(6)按式(5-3)、式(5-4)求向量的第i个分量x。

(7)i=i-1,若i>0,转步骤(6);否则,算法结束。

第五节　最优二叉搜索树

一、概念与符号约定

定义5-3　二叉树(Binary tree)是一个有限的节点的集合T,它或者为一空集,或者有一个特定的节点r,称为根节点(Root);两个不相交的有限子集T_L、T_R,其中T_L、T_r都是二叉树,称作根节点r的左、右子树。

严格地说,二叉树不是二次有序树,k叉树也不是k次有序树,它们完全是另外一种树形结构的概念。在树形结构的应用中,二叉树特别重要。许多算法因为使用了二叉树作为存储结构而变得非常简单。另外,我们可以通过"克努特变换"很容易地实现二叉树与任意次数的树之间的转换。

这里给出一些符号约定,以备后文使用。假设T是一棵二叉树,它的左子树表示为Left(T),右子树为Right(T);如果u是二叉树T的一个节点,那么Left(u)表示节点u的左子树,Right(u)表示u的右子树;二叉树T的节点数目,也称为二叉树T的大小,表示为Size(T)。从根节点到最左边的孩子节点的路径叫作T的左臂(Left arm),如果所有的节点都在左臂上,那么这样的二叉树叫作左倾线性树(Left liner Tree)或左倾列表(Left list)。类似地,也可以定义T的右臂(Right arm)。

定义5-4　扩展二叉树(Extended binary tree)是一个有限节点的集合T,它或者为一叶子节点(External node),或者有一个特定的内节点(Internal node)r,称为根节点;两个不相交的有限子集T_L、T_R,其中T_L、T_R都是扩展二叉树,称作根节点r的左、右子树。

定理5-2　由2n+1个节点组成的扩展二叉树,必然有n个内节点和n+1个外节点。

二叉树和扩展二叉树没有本质上的不同,区别只是在于对"空集"的表示方式不同。这样就在 n 个节点的二叉树与 2n+1 个节点的扩展二叉树之间建立的一一对应的关系。

完全二叉树(Complete binary tree)是一种特殊的二叉树。

一般情况下,在使用完全二叉树时,对各节点从上往下,从左往右依次编号为 1,2…,n,然后存储在线性数组中。可以得出:节点 k 的父亲节点是节点[k/2],节点 k 的孩子节点如果都存在的话编号分别是 2k 和 2k+1。

对于二叉树的一些概念,可以推广到三叉树,甚至 k 叉树。比如,对于完全 k 叉树上的一个节点 p,其父亲节点编号为[(p+k−2)/k];而这个节点的孩子节点如果存在的话,依次为:k(p−1)+2,k(p−1)+3,…,kp+1。

二、二叉树的线性排序

D.E.Knuth 定义了二叉树集合上的一个偏序关系周,这里用符号"≤"表示,记号"x≤y"可以读作"x 先于或者等于 y"。在此我们沿用 Knott 的定义,即如果 x≤y 且 x≠y(x 不等价于 y),写作"x < y"且读作"x 先于 y"。

定义 5−5 对于二叉树集合上的偏序关系" < ",定义如下:

已知二叉树 T_1、T_2,定义 $T_1 < T_2$,当且仅当:$Size(T_1) < Size(T_2)$,或者 $Size(T_1) = Size(T_2)$,且 $Left(T_1) < Lef(T_2)$,或者 $Size(T_1) = Size(T_2)$,且 $Lef(T_1) = Lef(T_2)$,而且 $Right(T_1) < Right(T_2)$。

上述定义被称作自然顺序(Natural order)。M.C.Er 将自然顺序的定义扩展到了 k 叉(有序)树,并提出了局部顺序(Local order)的概念。

假设 $T(k,n)$ 表示含有 n 个节点的 k 叉树的集合。如果树 $T \in T(k,n)$,则用 T_i 表示 k 叉树 T 的第 i 棵子树。

定义 5−6(Natural order) 已知集合 $T(k,n)$ 内的两棵 k 叉树 T、S,定义偏序关系 T<S 为:$Size(T) < Size(S)$,或者 $Size(T) = Size(S)$,且存在一个 i,$1 \leq i \leq k$,有 $T_j = S_j$,其中,$1 \leq j < i$;且 $T_i < S_i$。

定义 5−7(Local order) 已知集合 $T(k,n)$ 内的两棵 k 叉树 T、S,定义 T<S 为:T 为空树,而 S 非空,或者 T、S 都不为空,且存在一个 i,$1 \leq i \leq k$ 有 $T_j = S_j$,其中,$1 \leq j < i$;且 $T_i < S_i$。

自然顺序的特点是将二叉树的节点个数考虑在内,对参与排序的树结构有一个全局的了解,使用自然顺序设计的生成树算法总是将节点个数小的二叉树排在前面。与自然顺序不同的是,局部顺序只注重各个树之间的局部差异,差异越小的二叉树排名越邻近,可见,生成的树不一定是按照节点个数排序的。

假设两棵树T、S属于同一树族集合,且按照自然顺序比较的结果是T < S,但按照局部顺序却可能是S<T。

三、二叉树的计数

二叉树的计数研究的是具有n个节点的不同形状的二叉树的数目,它在一些涉及二叉树的平均复杂性分析中是很有用的。设C_n是含有n个节点的不同二叉树的数目。由于二叉树是递归地定义的,所以我们很自然地得到关于C的F面的非线性的递推关系:$C_n=C_{0-1}+C_1C_{n-2}+\cdots+C_{n-1}C_0$(其中,$C_0=C_1=1$),即一棵具有n>1个节点的二叉树可以看成由一个根节点、一棵具有i个节点的左子树和一棵具有n-1个节点的右子树所组成。从生成函数的角度来看,序列$\{C_n\}$的生成函数为:

$$C(x) = \sum_{n=0}^{\infty} c_n x_n = \frac{1 - \sqrt{1 - 4x}}{2}$$

它满足递归方程:$C(x)=1+x \cdot C(x)$,该递归方程很自然地对应于二叉树的定义。求解上述关系可以得到:

$$C_n = \frac{1}{n+1}\binom{2n}{n}$$

上述结果即所谓Catalan数。

Catalan数的提出已经有100多年的历史了,目前它已经被应用于许多组合对象的枚举计数算法的研究中。举例如下:

第一,扩展二叉树与二叉树的对应关系,可以知道含有n个内节点和n+1个叶子节点的不同形状的扩展二叉树的数目为C_n。

第二,堆栈的存取操作。用S和X分别表示进栈(Push)和出栈(Pop)操作;对于一个空栈,首先需要进栈一次,然后才可能出栈。在任何时刻,由S和X组成的堆栈操作序列中,X的个数一直不能超过S的个数。由S和X组成的此类序列的总数为C_n。

第三,凸多边形的三角形拆分问题。一个凸n+2边形,通过不相交于该多边形的对角线,把它拆分成若干三角形,不同拆分的数就可以用第n个Catalan数C_n表示。

第四,方格遍历问题。在一个二维方格平面中,从点(0,0)到点(n,n)的路径中不超过直线 y=x 的路径条数。这里采用的单步前进方向是 $(0,1)$ 和 $(1,0)$。

第五,Dyck 路径。Dyck 路径是在平面坐标系中,从 $(0,0)$ 到 $(2_n+2,0)$ 的方格遍历路径中,不低于 x 轴的路径数目。这里的单步前进方向是 $(1,1)$ 和 $(1,-1)$。

四、二叉树的编码过程

图 5-2 给出了一种编码过程的示意图。对于图中编码过程得到的 n 元组和整数排名我们都可以称作"编码",这丝毫没有引起概念上的混淆。

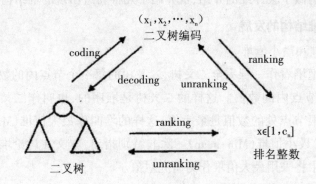

图 5-2 二叉树编码过程示意图

借助于一定的编码方法,我们就可以得到一棵二叉树对应的编码,这样的编码称作"有效的"编码。显然,有效的编码至少要满足两个条件:第一,编码与待生成的二叉树必须是一一对应的,即一棵树对应一个唯一的编码,反之亦然。第二,必须有一个有效的编码算法,使得给定一棵二叉树可以方便地获得对应的编码,同时也要有一个有效的解码算法使得给定一个有效的编码可以方便地构造对应的二叉树。

由第一个条件可以看出,编码空间的秩(Rank)和二叉树集合的秩是相同的。将编码按照某种顺序进行排序,这样一个编码就对应了区间 $[1,C_n]$ 内唯一的一个整数,这个整数就是它的排名。对一个编码 p,用函数 Rank(p) 得到排名;函数 Rank(p) 必须是可逆的,即给定区间 $[1,C_n]$ 内的任意整数 r,可以根据 $Rank^{-1}(r,n)$ 得到对应的编码。这样,就可以建立编码集合与区间 $[1,C_n]$ 的一一对应的关系。另外,本文研究的都是在均匀概率分布下的树的生成算法,即编码空间中每一个编码出现的概率是均匀的,都为 $1/C_n$。

五、一种重要的二叉树——堆的枚举

堆(Heap)是一种很重要的树形数据结构,广泛应用于数据排序、最短路径、最小生成树、任务调度、离散事件模拟以及其他一些网络问题优化处理等问题的研究中。随着堆排序等相关算法及应用的不断改进与发展,堆结构的一些组合属性也被深入地应用于研究堆的定义与节点内的数值是有密切关系的,所以堆的枚举属于有值枚举。

自从20世纪60年代J.W.Williams提出堆排序算法引进堆结构以来,堆结构及其研究应用也在不断地发展。目前,已经有许多堆的变种结构,相关研究曾经对一些堆结构做了较详细的介绍,也介绍了几种新近出现的堆结构。

(一)隐式堆结构的发展

1.最大值堆和最小值堆

我们通常把堆看作一棵完全二叉树,二叉树的每一个节点内的数值都大于它的左右孩子节点内的数值。这样的二叉树是堆序的,也叫作二叉堆(Binary heap)。显然,根节点处的数值是最大值,这样的堆叫作最大值堆(Max-heap);同理,可以定义最小值堆(Min-heap)。除非特别指出,本文在讨论堆的枚举生成与计数算法中将采用最大值堆作为研究对象。

最大值堆和最小值堆,都是基于完全二叉树结构的,而完全二叉树是一种特殊的平衡二叉树结构,最重要的就是它们可以存放到一个一维数组中,称作隐式堆结构(Implicit heap)。

2.双端堆(Min-Max heaps)

最小值堆上的findMin操作的时间复杂度是$O(1)$,而findMax的时间复杂度$O(n)$最大值堆上的操作恰好相反。显然,这种单端堆只能快速查找一个极值。

双端堆的提出一改上述不足,使得在$O(1)$时间内就可以完成findMax和findMin操作。双端堆的根节点所在的层次定义为0层。偶数层上节点的数值小于等于它的所有后代节点上的数值,奇数层上的节点值大于等于它的后代节点上的数值。可见双端堆的最小值一定位于根节点位置,最大值一定在根节点的左孩子或者右孩子上。

双端堆建堆过程(Build)(Heap)的时间复杂度是$O(n)$,deleteMin、deleteMax和inserl的最坏时间复杂度是$O(logn)$。

3.最小-最大-中间数堆(Min-Max-Median heap)

最小-最大-中间数堆(简称MMM堆)增加了与中间数有关的操作。这种堆结构将元素的中间数放在根节点位置,根节点的左子树构造成一个最小-最大堆(Min-Max heap),大小为$(n-1)/2$;右子树构造成一个最大-最小堆(Max-Min heap），大小为（n-1)/2。

4.立体堆（Solid heap）

二叉树的一些概念可以推广到 k 叉树，比如，对于完全 k 叉树上的一个节点 p，其父亲节点编号为(p+k-2)/k；而这个节点的孩子节点如果存在的话，依次为：k(p-1)+2,k(p-1)+3,…,kp+1。这启发人们将堆结构扩展到 k 叉堆的情况，其中立体堆是基于完全四叉树的堆结构。

(二)可合并堆结构的发展

可合并堆的共同点就是堆结构除了支持一些基本操作外，还支持合并操作。合并操作可能打破堆序树的平衡，所以对堆的平衡性的保持以及合并操作的不同定义决定了不同种类的可合并堆结构。

1.左倾树（Leftist tree）

左倾树是一种堆序的二叉树，其堆结构打破了完全二叉树的平衡性。左倾树的任何节点 u 必须保证从该节点到空子孙节点的右路是最短的，这就是左倾性。为了保证左倾性，在每一个节点上还要存放一个右路长度信息，一旦在某一个运算中出现右路长大于左路长，就要交换该节点的左右子树。这样在 n 个节点的左倾树上右路的长度最大为 logn。

左倾树是一种可合并堆结构，除了 findMin 之外，其他运算都是通过树的右路合并运算实现的。deleteMin、inserl 和 merge 的时间复杂度为 O(logn)。

2.斜堆（Skew heap）

斜堆是由 R.E.Tarjan 等人在左倾树堆上提出的一种自适应堆结构，它也是一种可合并堆。除了 findMin 之外，基本操作都是通过合并操作来实现的。

斜堆是一种自适应结构，它去掉了控制左倾性的右路长信息，同时为了缩短下次合并时的路长，采用了启发式自适应机制，即在合并过程中，同时交换合并路上的除最底层外的所有节点的左右子树。这使得由合并组成的潜在的比较长的右路变成了左路，从而维持了一个潜在的左倾树堆。根据合并的两种模式，斜堆可以分为自顶向下斜堆和自底向上斜堆。

3.对比堆（Pairing heap）

对比堆在抽象意义上是一棵 k 叉的堆序树，而它的实际表示是借助于克努特变换，将 k 叉树转化成二叉树表示的，如图 5-3 所示。

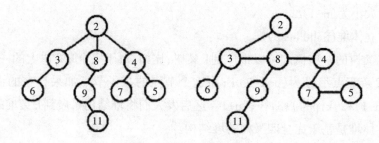

图 5-3 对比堆的表示方法

也就是说,在对比堆的实际表示中,节点的两个指针含义是"左孩子,右兄弟"。另外,为了操作方便,每一个节点再增加一个指向其前一个兄弟节点的指针。对比堆上根节点的数值是最小值,兄弟节点之间是无序的。

对比堆上的主要操作是比较两个节点的值,使较大的节点变成较小节点的最左孩子,原来较小的节点的最左孩子节点变成新的最左孩子节点的兄弟节点,这个操作称作"比较联结"。

对比堆的性能依然是一个未解的课题,虽然在实验中deleteMin操作的性能达到了良好的发挥,但是仍无法从理论上证明对比堆与F堆具有相同的平摊分析时间复杂度$O(logn)$。deleteMin执行以后,根节点的c个孩子中都有可能成为新的根,所以需要$c-1$次比较联结操作。目前有多种方法实现对子树的合并操作,最简单常用的方法是两路合并(Two-pass merging)法。

4.二项树和二项式堆

二项树B_k是一棵递归定义的有序树,其中,B_0只包含一个节点,B_k是由两棵二项树B_{k-1}连接而成:一棵树的根成为另一棵树根节点的最左孩子。

图5-4给出了$B_k(0 \leqslant k \leqslant 4)$的示意图,可以看出,二项树$B_k$具有如下性质:①大小一定为$2^k$,并且高度为k(这里一个节点的树高度定义为0);②对于$0 \leqslant i \leqslant k$,在深度i处恰有$C_k^i$个节点;③根的度数为k,且大于任何其他节点的度数,如果根的子树从左往右依次编号为$0,1,\cdots,k-1$,那么子树i为一棵B_k树。

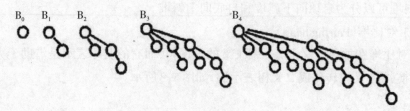

图 5-4 B_k树(k=0,$\cdots$,4)

二项式堆是由多个具有堆性质的二项树组成的可合并堆结构,其中最小值在二项树森林最小的根上。例如,一个大小为n=6的二项式堆包含数值{16,18,12,21,24,65}。根据n的二进制表示n=$(110)_2$中1的位置表示成B_k树,那么六元的二项式堆的森林是{B_1,B_2}。

二项式堆建堆操作的时间复杂度是$O(n)$,findMin复杂度是$O(1)$,deleteMin、insert和merge的时间复杂度为$O(\log n)$。此外,二项式堆还引进decreaseKey操作用来减少指定节点的数值,而delete用来删除指定节点的数值。它们的时间复杂度也都为$O(\log n)$。

5. 费波那契堆(Fibonacci heap)

费波那契堆,简称F堆,是在平摊分析的背景下提出的,它和二项式堆一样,由一组二叉树组成。实际上,这种堆是松散的基于二项堆的。如果没有decreaseKey和delete操作,堆中的每一棵树和项式堆是一样的。F堆是借助于环形链表结构存储的,所有B_k树的根节点组成一个双向环形链表。F堆的最小值一定位于某一棵B_k树的根节点处,堆的指针指向该节点。每一棵B_k树的节点都有两个指针,一个指向其父亲节点,一个指向孩子节点之一,它的所有孩子节点组成了一个双向环形链表。

F堆中delete操作删除其中某个节点后,该节点的子树如果存在,就成为堆中的一棵树。如果出现大小相同的B_k树就引发合并。

在F堆上,findMin、decreaseKey、insert和merge的平摊分析复杂度是$O(1)$。deleteMin和delete的平摊分析复杂度是$O(\log n)$。

6. 松散堆(Relaxed heap)

松散堆是James等人为有效解决最短路径的并行计算问题而提出的基于斐波那契堆的一种新的堆结构。松散堆是一种二项式队列,但其允许部分地违反堆序,可以说是一种不严格的二项式堆结构。

松散堆,也就是秩松散队列(Rank relaxed heap)是具有以下两点的松散二项式队列:第一,一个秩为r的任意节点,最多有一个活动子节点;第二,所有的活动节点都是其父节点的最后一个儿子节点。

松散堆上的节点分为好节点(Good node)和坏节点(Bad node)。如果一个节点是好的,该节点的值大于等于其父节点的值;如果该节点是坏的,那么该节点的值小于其父节点的值。所有的坏节点都是活动节点。松散二项式树(Relaxed binomial tree)和松散二项式队列(Relaxed binomial queue)也就有相应的定义。

建立一个有n个节点的松散堆,首先要建立一个有n个节点的二项式队列,其中每个节点都初始化为∞,然后再逐个调用dereaseKey以实现插入。另外,还要用到一个数组A,A[r]存放秩为r的活动节点指针,对每个活动节点起到监控作用,检测节点是否为活动节点。

7.软堆(Soft heap)

软堆是较新的一种堆的数据结构,它的新颖之处在于规定了一个误差系数$\varepsilon(0 < \varepsilon \leq 1/2)$。对于一个误差率参数为$\varepsilon$的软堆,对其进行n次混合操作后,在任意时刻,最多只有ε_n个数据项的关键字值被增加,从而突破了基于比较操作的堆结构的对数复杂度上界,通过增加任意关键字的值来减少其数据结构的信息熵。

软堆是完全基于指针实现的,没有用到数组,且对其关键字也没有做任何的数据化假设。软堆的主要操作不是从数据结构中单个移动数据项,而是在集体上对其进行操作,在数据结构上就像一个停车场,以便节省时间。为了保持数据结构的堆序性,增加关键字的值是必然的。

软堆的数据结构是基于二项式树的,它是由多个被修改了的二项式树组成,也叫软队列。可以从以下两点来认识软堆:

第一,一个软队列q是一个可能没有个别子树的二项式树,类似斐波那契堆中的树做了一些删除操作后得到的。软队列q所依赖的二项式树称为q的主树(Master tree)。软队列q中节点的秩是其主树中对应节点的儿子节点个数,很显然,也是q中节点的儿子节点数的上界。

另外,要求软堆根节点的孩子节点数目不能小于主树中根节点的秩的一半,即[rank(root)/2]。

第二,软堆中的一个节点v可以存放多个数据项组成的项目链表item-list(v)。节点v还包含一个ckey域,用来存放item-list(v)里边所有数据项的一个公用值,它是原始键值的上界。软队列是基于各节点的ckey域的有堆序二项式树,也就是说,一个节点的ckey值不大于其儿子节点的。

六、最优二叉搜索树

设$S = \{x_1, x_2, \cdots, x_n\}$是有序集,且$x_1 < x_2 < \cdots < x_n$表示有序集S的搜索树利用二叉树的节点来存储有序集中的元素。它具有下述性质:存储于每个节点中的元素x大于其左子树中任一节点所存储的元素,小于其右子树中任一结点所

存储的元素。二叉搜索树的叶节点是形如(x,x_{i+1})的开区间。在表示S的二叉搜索树中搜索一个元素x,返回的结果有两种情形:

(1)在二叉搜索树的内节点中找到$x=x_i$。

(2)在二叉搜索树的叶节点中确定$x \in (x_i,x_{i+1})$。

设在第(1)种情形中找到元素$x=x$的概率为b_i,在第(2)种情形中确定$x \in (x_i,x_{i+1})$的概率为a_i。其中,约定$x_a = -\infty$,$x_{a+1} = +\infty$。显然,有

$$\begin{cases} a_i \geq 0, \ 0 \leq i \leq n \\ b_j \geq 0, \ 1 \leq j \leq n \\ \sum_{i=0}^{n} a_i = \sum_{j=1}^{n} b_j = 1 \end{cases}$$

其中,$(a_0,b_1,\cdots,b_n,a_n)$称为集合S的存取概率分布。

在表示S的二叉搜索树T中,设存储元素x的节点深度为e;叶节点(x_j,x_{j+1})的节点深度为d,则

$$p = \sum_{i=0}^{n} b_i(1 + c_i) + \sum_{j=1}^{n} b_j = 1$$

表示在二叉搜索树T中,进行一次搜索所需的平均比较次数。p又称为二叉搜索树T的平均路长。在一般情形下,不同的二叉搜索树的平均路长是不一样的。

最优二叉搜索树问题是对于有序集S及其存取概率分布$(a_0,b_1,\cdots,b_n,a_n)$,在所有表示有序集S的二叉搜索树中找出一棵具有最小平均路长的二叉搜索树。

(一)最优子结构性质

二叉搜索树T的一棵含有节点$x_i,\cdots,x_j$和叶节点$(x_{i-1},x_i),\cdots,(x_j,x_{j+1})$的子树可以看作是有序集$\{x_i,\cdots,x_j\}$关于全集合$\{x_{i-1},\cdots,x_{j+1}\}$的一棵二叉搜索树,其存取概率为下面的条件概率

$$\begin{cases} \bar{b}_k = \dfrac{b_k}{w_{ij}}, \ i \leq k \leq j \\[3mm] \bar{a}_h = \dfrac{a_h}{w_{ij}}, \ i-1 \leq h \leq j \end{cases}$$

式中,$w_{ij} = a_{i-1} + b_i + \cdots + b_j + a_j, 1 \leq i \leq j \leq n$。

设 T_{ij} 是有序集 $\{x_i, \cdots, x_j\}$ 关于存取概率 $\{\bar{a}_{i-1}, \bar{b}_i, \cdots, \bar{b}_j, \bar{a}_j\}$ 的一棵最优二叉搜索树,其平均路长为 p_{ij}。T_{ij} 的根节点存储元素 x_w,其左右子树 T_l 和 T_r 的平均路长分别为 p_l 和 p_r。由于 T_l 和 T_r 中节点深度是它们在 T_{ij} 中的节点深度减 1,故有

$$\omega_{i,j} p_{i,j} = \omega_{i,j} + w_{i,w-1} p_l + w_{w+1,j} p_r$$

由于 T_l 是关于集合 $\{x_i, \cdots, x_{m-1}\}$ 的一棵二叉搜索树,故 $p_r \geqslant p_{i,m-1}$。若 $p_r \geqslant p_{i,m-1}$,则用 $T_{i,m-1}$ 替换 T_l 可得到平均路长比 T_{ij} 更小的二叉搜索树。这与 T_{ij} 是最优二叉搜索树矛盾。

故 T_l 是一棵最优二叉搜索树。同理可证 T_r 也是一棵最优二叉搜索树。因此,最优二叉搜索树问题具有最优子结构性质。

(二)递归计算最优值

最优二叉搜索树 T_{ij} 的平均路长为 p_{ij},则所求的最优值为 $p_{1,n}$。由最优二叉搜索树问题的最优子结构性质可建立计算 p_{ij} 的递归式如下:

$$\omega_{i,j} p_{i,j} = \omega_{i,j} + \min_{i \leqslant k \leqslant j} \left\{ \omega_{i,k-1} p_{i,k-1} + \omega_{k+1,j} p_{k+1,j} \right\}, i \leqslant j$$

初始时,$p_{i,j-1} = 0, 1 \leqslant i \leqslant n$。记 $\omega_{i,j} p_{i,j}$ 为 $m(i,j)$,则 $m(1,n) = \omega_{1,n} p_{1,n} = p_{1,n}$ 为所求的最优值。

计算 $m(i,j)$ 的递归式为

$$m(i,j) = \omega_{i,j} + \min_{1 \leqslant k \leqslant j} \left\{ m(i,k-1) + m(k+1,j) \right\}, i \leqslant j \quad m(i,i-1) = 0, 1 \leqslant i \leqslant j$$

据此,可设计出解最优二叉搜索树问题的动态规划算法(Optimal Binary Search Tree,OBST)如下:

```
void OBST(int a,int b,int n,int* * m,int* *s,int* *w)
{  for(inti=0;i< =n;i+ +){w[i+1][i] =a[i];m[i+1][i] =0;|
   for(int r=0;r<n;r+ +)
   for(inti=1;i< =n-r;i+ +){
   intj=i+r;
   w[i][j] =w[i][j-1] +a[j] +b[j];
   m[i][j] =m[i+1][j];
   s[i][j] =i;
```

```
for(intk=i+1;k< =j;k+ +)|
intt=m[i][k-1] +m[k+1][j];
if(t<m[i][j]){m[i][j] =t;s[i][j]=k;
    }
m[i][j]+ =w[i][j];
}
```

(三)构造最优解

算法 OBST 中用 $s[i][j]$ 保存最优子树 $T(i,j)$ 的根节点中元素。当 $s[1][n] = k$ 时，x 为所求二叉搜索树根节点元素，其左子树为 $T(1,k-1)$。因此，$i = s[1][k-1]$ 表示 $T(1,k-1)$ 的根节点元素为 x_i。依此类推，容易由 s 记录的信息在 $o(n)$ 时间内构造出所求的最优二叉搜索树。[1]

(四)计算复杂性

算法中用到 3 个二维数组 m、s 和 w，故所需的空间为 $o(n^2)$。算法的主要计算量在于计算 $\min_{1 \le k \le j}\{m(i,k-1) + m(k+1,j)\}$。对于固定的 r，它需要计算时间 $o(j-i+1) = o(r+1)$。因此，算法所耗费的总时间为 $\sum_{r=0}^{n-1}\sum_{i=1}^{n-r}o(r-1) = o(n^3)$。

事实上，在上述算法中可以证明

$$\min_{1 \le k \le j}\{m(i,k-1) + m(k+1,j)\} = \min_{s[i][j-1] \le k \le s[i+1][j]}\{m(i,k-1) + m(k=2,j)\}$$

由此可对算法做出进一步改进如下：

```
void OBST(int a,int b,int n,int* *m,int* *s,int* *w)
{for(int i=0;i< =n;i+ +){w[i+1][i] =a[i];m[i+1][i] =0;s[i+1][i]=0;}
for(int r=0;r<n;r+ +)
for(int i=1;i< =n-r;i+ +){
int j=i+r,i1 =s[i][j-1]>i?  s[i][i-1]:i,j1=s[i+1][j]>i?  s[i+1]:j;
w[i][j]=w[i][j-1] +a[j] +b[j];
m[i][j]=m[i][j-1] +m[il +1][j];
s[i][j]=il;
for(int k=il +1;k< =j1;k+ +){
```

---

[1]于欣.基于无锁方法的二叉搜索树算法研究[D].石家庄:河北科技大学,2019.

```
    Int t=m[i][k-1] +m[k+1][j];
    if(1< =m[i][j]){m[i][j]=t;s[i][j]=k;|
}
m[i][j]+=w[i][j];
}
```

改进后算法 OBST 所需的计算时间为 $o(n^2)$,所需的空间为 $o(n^2)$。

第六节　RNA 最大碱基对匹配问题

核糖核酸(RNA)是由碱基腺嘌呤(A)、鸟嘌呤(G)、胞嘧啶(C)和尿嘧啶(U)构成的一种单链结构。在构成 RNA 的一串碱基 A、G、C、U 序列中,A 和 U 可以配成一个碱基对,C 和 G 可以配成一个碱基对。碱基对可以提高结构的稳定性,而未配对的碱基将降低结构的稳定性。因此,一个单链的 RNA 碱基序列可以将自身折叠起来,使链上的碱基互相配对,形成尽可能多的碱基对,以提高结构的稳定性。通常把碱基 A、G .C、U 序列称为 RNA 的基本结构,而把互相配对的碱基对序列称为 RNA 的二级结构。一个 RNA 的二级结构中,粗线把相邻的碱基连接起来形成一个单链的 RNA 结构,而虚线表示匹配的碱基对。在一个 RNA 的基本结构中寻找配对最多的碱基对称为 RNA 最大碱基对匹配问题。[①]

一、RNA 最大碱基对匹配的搜索过程

如果把单螺旋链的 RNA 看成是字母表{A、G、C、U}上的一个个碱基符号序列,令 $B = b_0b_1\cdots b_{n-1}$ 是一个单螺旋链的 RNA 分子(其中,$b \in$ {A、G、C、U},$0 \leqslant i \leqslant n-1$),用整数对(i,j)表示 B 上的碱基 b,构成的碱基对则可把 B 上的二级结构看成是碱基对集合 S={(i,j) | i,j∈(0,…,n-1)}。它必须满足下面4个条件:

第一,S 中的任何一对整数对(i,j)表示 B 上的一个碱基对,它们必须是{A,U}、{U,A}、{C,G}、{C,C}。

第二,S 是一个匹配。如果整数对(i,j)是 S 中的一对碱基对,则 i 和 j 都不会出现在 S 的另外的碱基对中。

第三,RNA 链的折叠相对圆滑,每个碱基对两端至少隔开4个其他碱基。

---

①姜国崧. 基于启发式搜索策略的 RNA 空间结构预测[D]. 天津:天津工业大学,2019.

因此,如果$(i,j)\in S$,则有$j-i>4$。

第四,碱基对不会互相交叉。如果(i,j)和(h,l)是S中的两个碱基对,不会出现$i<k<j<l$。

令$L_{0,N-1}$为RNA序列$B=b_0b_1\cdots b_{n-1}$中最大的碱基对个数,则$L_{i,j}$为子序列$b_i\cdots b_j$中的最大碱基对个数。根据第三个条件,有

$$L_{i,j}=0,\quad j-i\leq 4 \tag{5-7}$$

而当$j-i>4$时,有下面两种可能:

(1)在子序列$b_i\cdots b_j$中b_j不与任何一个碱基配对,则有

$$L_{i,j}=L_{i,j-1} \tag{5-8}$$

(2)在子序列$b_i\cdots b_j$中存在着$t,i\leq t<j-4$,即$b_t\cdots b_i\cdots b_j$构成碱基对,这时有

$$L_{i,j}=\max_{i\leq t\leq j-4}\left(1+L_{i,t-1}+L_{t+1,j-1}\right) \tag{5-9}$$

综合上述两种情况,有

$$L_{i,j}=\max\left\{L_{i,j-1},\max_{i\leq t\leq j-4}\left(1+L_{i,t-1}+L_{t+1,j-1}\right)\right\} \tag{5-10}$$

由此,对RNA序列$B=b_0b_1\cdots b_{n-1}$中最大的碱基对个数进行搜索时,首先对所有的$i(i=0,1,\cdots,n-1)$和满足$j\leq i+4$的j,按式(5-7)使$L_{i,j}=0$。然后,把搜索划分为$n-5$个阶段:

第一阶段,令RNA子序列只有6个碱基,对$i=0,\cdots,n-6,j=i+5$的所有的i和j按式(5-8)确定子序列$b_i\cdots b_j$的最大碱基对个数。第二阶段,令RNA子序列有7个碱基,对$i=0,1,\cdots,n-7,j=i+6$的所有i和j,利用前一阶段的结果,按式(5-8)确定子序列$b_i\cdots b_j$的最大碱基对个数。依此类推,最后$i=0,j=n-1$,利用前面的结果,按式(5-8)确定序列$b_0b_1\cdots b_{n-1}$的最大碱基对个数,从而得到最终结果。

为了得到序列$b_0b_1\cdots b_{n-1}$的碱基对集合$S=\{i,j\}$,设置一个二维的状态字数组$st_{i,j}$,在上述确定$L_{i,j}$过程中,按如下方法,把搜索状态登记于状态字数组$st_{i,j}$中。

式(5-9)表明序列$b_i\cdots b_j$的最大碱基对数目取决于序列$b_i\cdots b_{j-1}$的最大碱基对数目,因此可把对$b_i\cdots b_j$的搜索转换为对$b_i\cdots b_{j-1}$的搜索。

式(5-10)表明序列$b_i\cdots b_j$的最大碱基对数目除了包含(t,j)一个碱基对外,还包含子序列$b_i\cdots b_{t-1}$和$b_{t+1}\cdots b_{j-1}$的最大碱基对数目之和。因此,对$b_i\cdots b_j$的搜索被分割成对子序列$b_i\cdots b_{t-1}$和$b_{t+1}\cdots b_{j-1}$的搜索。

为此,设置一个堆栈来存放子序列的起点和终点。开始时,堆栈中只有一

个序列的起点 0 和终点 n-1 的信息;以后,随着搜索的进行,堆栈中的子序列信息相应增加和减少;最后,堆栈中的子序列信息全被处理完毕。

于是,可用下面的步骤来实现序列 $b_0 b_1 \cdots b_{n-1}$ 的最大碱基对的搜索:

(1)初始化:对所有的 i 和 j,$0 \leq i \leq n-1$,$0 \leq j \leq n-1$,置 $L_{i,j} = 0$,$st_{i,j} = -1$。令 k=5。

(2)令序列起点 i=0。

(3)令序列终点 j=i+h。

(4)按式(5-8)、式(5-9)、式(5-10))确定 $L_{i,j}$、$st_{i,j}$ 之值。

(5)序列起点 i=i+1,若 i<n-k,转步骤(3);否则,转步骤(6)。

(6)k=k+1,若 k<n-1,转步骤(2);否则 $L_{0,n-1}$ 即为原始序列的最大碱基对个数,转步骤(7),确定碱基对集合。

(7)令碱基对集合 s = φ,序列堆栈指针 sp=0,序列起点 0、终点 n-1 压入序列栈。

(8)若序列堆栈指针 $sp \geq 0$,转步骤(9);否则,算法结束。

(9)从序列栈弹出序列起点于 i,终点于 j,sp=sp-1。

(10)若 $L_{i,j} = 0$,转步骤(8);否则,转步骤(11)。

(11)若 $st_{i,j} = 0$,则 j=j-1,转步骤(10);否则,转步骤(12)。

(12)若 $st_{i,j} - 1 - i \leq 4$,转步骤(13);否则序列起点 i、终点 $st_{i,j} - 1$ 压入序列栈,sp=sp+1,转步骤(13)。

(13)碱基对集合 $s = s \cup \{st_{i,j}, j\}$,$i = st_{i,j} + 1$,j = j - 1,转步骤(10)。

二、RNA 最大碱基对匹配算法的实现

下面是算法所用到的数据结构和变量:

char B[n]   /*RNA 序列的碱基符号*/

int L[n][m];   /*最大匹配表,登记各种子序列最大碱基对个数*/

int st[n][n];   /*状态表,登记子序列的搜索状态*/

int s[n][2];   /*RNA 序列的碱基对集合*/

int stack[n/2][2];   /*存放子序列起点和终点的堆栈*/

int sp;   /*子序列堆栈的栈顶指针*/

int i;   /*子序列起点序号*/

int j;   /*子序列终点序号*/

于是,RNA 最大碱基对匹配算法可描述如下:

算法5-5 RNA最大碱基对匹配算法

输入:RNA序列的碱基符号B[],符号个数n。

输出:最大碱基对个数,碱基对集合s[][]

```
1.int basepair__match(char B[] ,int s[][] ,int n)
2.{
3.  int i,t,k,sp,len,lenl,temp;
4.  int  stack[n/2][2];
5.  int L[n][n],st[n][n];
6.  for(i=0;i<n;i++)
7.   for(j=0;j<n;j++){     /*初始化*/
8.     L[i][j]=0;st[i][j]=-1;
9.   }
10.   for(k=5;k<=n-1,k++){
11.    for(i=0;i<n-k;i++){
12.     j=i+k;len=0;temp=i;
13.      for(t=i;t<j-4;t++){   /*在i~j中搜索与j匹配的t*/
14.       if(B[t]=='A')&&(B[j]=='U')||
15.        (B[t]=='U')&&(B[j]=='A')||
16.        (B[t]=='C')&&(B[j]=='G')||
17.        (B[t]=='G')&&(B[j]=='C'){
18.        if(i==t)len1=1 +L[i+1][j-1];
19.        else len1=1 +L[i][t-1] +L[t+1][j-1];
20.        if(len<len1){     /*按式(5-7)确定最大匹配个数*/
21.          len = lenl;temp=t;
22.          }
23.        }
24.      }
25.      if(L[i][j-i]>=len){      /*按式(5-8)综合最大匹配个数*/
26.        L[i][j]=L[i][j-1];
27.        st[i][j]=0;
28.      }
```

```
29.    else{
30.      L[i][j] = len;
31.      st[i][j] = temp;
32.      }
33.    }
34.    }
35.    sp=0;k=0;    /*检索匹配的碱基对*/
36.    stack[0][0] =0;stack[0][1]=n-1;
37.    while(sp> =0){
38.     i = stack[ sp][0];j = stack[sp][1];sp = sp-1;
39.     while(L[i][j]>0){
40.      if(st[i][j]= =0)j=j-1;
41.      else{
42.       s[k][0] = st[i][j];    /*s=s∪{(t,j)}*/
43.       s[k++][1]=j;
44.       if(s[i][j]-1-i>4){      /*序列被分割为两个子序列*/
45.         sp=sp+1;       /*第1个子序列信息压入序列栈*/
46.         stack[sp][0]=i;
47.         stack[ sp][1]=st[i][j]-1;
48.        }
49.       i=st[i][j]+1;     /*形成第2个子序列起点和终点*/
50.       j=j-1;       /*返回循环顶部搜索第2个子序列*/
51.      }
52.     }
53.    }
54.    return L[0][n-1];
55.}
```

算法5-5由三部分组成:第一部分由第6~9行构成,初始化最大匹配表和状态表;第二部分由第10~34行构成,把原始序列划分为各种长度的子序列,每种长度的子序列又有不同的起点和终点,计算这些子序列的最大碱基对的匹配个数,并登记在最大匹配表中,同时把子序列在最大匹配个数时的状态也登记在状态表中;第三部分由第35~53行构成,根据最大匹配表和状态表搜索序列中匹配的碱基对。

算法的运行时间估算如下:第一部分初始化执行一个二重循环,需$O(n^2)$时间;第二部分确定最大碱基对的匹配个数,执行一个三重循环,需$O(n^2)$时间;第三部分搜索匹配的碱基对,虽然执行的是一个二重循环,循环体的执行次数取决于所分割的子序列个数,但所有子序列所包含的元素之和不会超过n个,因此其执行时间为$O(n)$。所以,算法的运行时间为$O(n^3)$。

第六章 贪心算法

贪心算法(Greedy algorithm),是指在解决问题的每一步中都选择当前情况下的最优抉择,从而求解出问题的近似最优解,甚至全局最优解。可以发现,当待求解问题满足贪心选择性质及最优子结构性质时,贪心算法具有较高的效率。贪心算法根据当前状况做出局部最优的抉择,但局部最优选择最终并不一定能求得问题的全局最优解。贪心选择性质是指所求问题的全局最优解可以通过一系列局部最优的选择来实现。从许多贪心算法成功应用的问题中总结发现,贪心选择性质是贪心算法求得全局最优解的必要条件。

当一个问题的最优解包含其子问题的最优解时,称此问题具有最优子结构性质。求解某问题时,根据当前情况做出最优抉择将原问题转换为规模更小的子问题,该剩余的子问题与原问题存在类似的问题结构。

要怎么判断一个问题适不适合使用贪心算法呢? 那就需要检验其是否含有上述两个性质,即贪心选择性质和最优子结构性质。首先检验的是贪心选择性质,要检验这个性质可以使用数学归纳法等方法。

第一节　活动安排问题

问题描述:世界杯来了,球迷的节日也来了。作为球迷,一定想看尽量多的完整的比赛,当然,你也可能爱好其他的娱乐节目。假设你已经知道了所有喜欢看的电视节目的转播时间表,你将如何安排,才能尽可能收看更多感兴趣的节目呢?

一、活动安排问题的贪心策略

这就是典型的活动安排问题,这样的问题就是要在所给的一个活动集合里选出最大的相容活动子集合,是可以使用贪心算法解决的典型例子。总的来说,这些安排会共同占用同一个资源,而这个资源在一个时间段中只能被一个活动占用,所以这就有了最优的安排。每次安排一个活动之后,剩下的活动和公共资源又再一次地重复这样的选择,再次进行最优解的寻找,含有最优子结构性质。[①]

这个问题是让我们安排播放电视的时间,为了尽可能多地看电视节目,就是要使得每次看的节目的时间是最短的,因为节目越早结束,就能留下越多的时间观看更多其他的节目,这是本题的核心思想。因此,可以根据每个节目的结束时间进行排序,排序之后,根据节目是否冲突进行活动的选择。

被选择收看的节目必须是相容的,即每一个节目都有一个要求使用该公共资源的起始时间 start 和一个结束时间 end,且 start<end。如果选择了其中一个节目 i,则在它的半开区间中[start_i,end_i)占用资源。若区间[start i,end_i)与区间[start,j,end.j)不相交,则称节目 i 和 j 是相容的。也就是说,当 i 节目的起始时间大于 j 节目的结束时间或者 i 节目的结束时间小于 j 节目的开始时间,这两个节目是相容的。下面就是对节目的选择过程:

Pernum=1,第一个节目已经被选择,第一个节目的结束时间 E_1 和第二个节目的开始时间 S_2 进行比较,发现 $E_1 \leqslant S_2$,所以选择第二个节目。Pernum=2。num=2。

Pernum=2,第二个节目已经被选择,第二个节目的结束时间 E_2 和第三个节目的开始时间 S_3 进行比较,发现 $E_2 > S_3$,所以不选择第三个节目。Pernum=2。num=2。

Pernum=2,第二个节目已经被选择,第二个节目的结束时间 E_2 和第四个节目的开始时间 S_4 进行比较,发现 $E_2 > S_4$,所以不选择第四个节目。Perum=2。num=2。

Pernum=2,第二个节目已经被选择,第二个节目的结束时间 E_2 和第五个节目的开始时间 s_5 进行比较,发现 $E_2 > S_5$,所以不选择第五个节目。Pernum=2。num=2。

Pernum=2,第二个节目已经被选择,第二个节目的结束时间 E_2 和第六个节目的开始时间 S_6 进行比较,发现 $E_2 < S_6$,所以选择第六个节目。Perum=6。num=3。

Pernum=6,第六个节目已经被选择,第六个节目的结束时间 E_6 和第七个节

目的开始时间 S_7 进行比较, 发现 $E_6 > S_7$, 所以不选择第七个节目。Perum=6。num=3。

Pernum=6, 第六个节目已经被选择, 第六个节目的结束时间 E_6 和第八个节目的开始时间 S_8 进行比较, 发现 $E_6 > S_8$, 所以不选择第八个节目。Pernum=6。num=3。

Pernum=6, 第六个节目已经被选择, 第六个节目的结束时间 E_6 和第九个节目的开始时间 S_9 进行比较, 发现 $E_6 = S_9$, 所以选择第九个节目。Pernum=9。num=4。

Pernum=9, 第九个节目已经被选择, 第九个节目的结束时间 E_9 和第十个节目的开始时间 S_{10} 进行比较, 发现 $E_9 > S_{10}$, 所以不选择第十个节目。Pernum=9。num=4。

Pernum=9, 第九个节目已经被选择, 第九个节目的结束时间 E_9 和第十一个节目的开始时间 S_{11} 进行比较, 发现 $E_9 = S_{11}$ 所以选择第十一个节目。Perum=11。num=5。

算法 6-1:

```
int Greedyselect(Action a[ ] ,int n)
{
    int Pernum,i,num= 1;
    Pernum= 1;
    for(i=2;i<=n;i++)
    if(a[i]. ac_ start>=a[ Pernum]. ac_ _end)
    Pernum=i;
    num++ ;
    return num;
}
```

算法 6-1 是贪心算法的具体体现, 首先将排好顺序的数组传递到这个函数中指定一个 Pernum, 这个 Pernum 的作用是来记录当前的节目是哪一个。之后每次选择节目的起始时间应该比 Pernum 代表的节目的结束时间更大或者相等。

算法 6-2:

```
int main( )
```

```
{
    int i,j,k,m,n;
    while(scanf("%d",&k)= =1&&k)
    for(i=1;i<=k;i++)
    scanf("%d%d",&a[i]. ac_ start ,&a[i].ac_ _end);
    sort(a,a+k+1,cmp);
    m=Greedyselect(a,k);
    printf("%d\n",m);
    return 0;
}
```

二、算法效率

算法6-1能够成功地解决活动安排问题,让观众能够尽可能多地观看电视节目,因为贪心算法的使用,时间复杂度为O(n)只使用了一次for循环,使得解决这样的问题变得简洁清晰。当然,这是排序之后进行抉择所消耗的时间复杂度,但排序过程的时间复杂度下界为$\Omega(n\log n)$。因此,贪心算法求活动安排问题的时间复杂度为$\Omega(n\log n)$。

第二节 贪心算法的基本要素

这一节将更深入地探讨贪心选择和最优子结构性质。首先要明确贪心算法的解题过程。贪心算法是一种在每一步的选择中选取当前情况下的最优选择,即它做出的选择是当前状态下的局部最好的选择,也就是贪心选择。可以看出,这是一种分级处理的方式,通过一系列的选择来求出问题的答案,即希望通过局部的最优解来得出整个问题的最优解。这种策略并不能保证求得全局最优解。但通常情况下,贪心选择性质和最优子结构性质是贪心算法求得全局最优解的必要条件。

一、贪心选择性质

贪心选择性质是贪心算法可行的第一个基本要素,也是贪心算法和动态规划算法的主要区别。怎么判断待求问题是否满足贪心选择性质？首先考察问题的整体最优解，并证明可以修改这个最优解，然后让它以贪心选择开始。做出贪心选择之后，原来的问题就简化成了一个规模更小的同类型的子问题。然后用数学归纳法，通过每一步的贪心选择，最终可以得到问题的整体最优解。

二、最优子结构性质

最优子结构性质是问题的最优解，包含其子问题的最优解。最优子结构是判断能否使用贪心算法的关键特征，当然这也是判断能否使用动态规划算法的重要特征。贪心算法的每一次选择都会对结果产生直接的影响，但是动态规划算法的选择则不然，这是两者之间不同之处。[①]

三、贪心算法的求解步骤

在说明待求解问题满足以上两个性质时，接下来就是利用贪心算法求解问题，如算法6-3所示。

算法6-3：

```
Greedy(A)
S={ };
{
   While(Not Solution(Q))
   a=select(A);
   if(apropral(S,x))
   S=S+{a};
   A=A-|a|;
   return S;
}
```

上面的伪代码是贪心算法的核心代码，其中的Solution(Q)是用来判断这个问题是不是被合理地解决。如果没有，则继续利用select(A)进行处理，它会选择问题集合A中的局部最优解，并把这个解赋值给a，然后通过函数appropriate来判断这个解加入S集合中是否合适。如果这个解是合适的，那么就把这个解加入解的集合S中去，并把这个解从问题的集合中去掉。

---

①刘诚,孙远升,花军,贾娜.基于贪心算法及局部枚举策略的人造板排样方案研究[J].木材科学与技术,2021,35(06):55-61.

四、贪心算法和动态规划算法的差别

在动态规划算法中,每一步所做的选择往往依赖于相关子问题的解,因而只有解出相关的子问题之后,才能做出选择。

而在贪心算法中,仅仅依靠当前的状态做出最好的选择,即局部的最优解,然后在做出这个选择之后去解决因为这个选择而产生的子问题。

从上述区别可看出,这两者有不同的解决思路:动态规划算法是自底向上地解决问题,每次解决一个问题,下一个问题的选择会依赖于上一个问题的解,只有相关的问题被解决才能进行下一步,每一次的选择是依赖的、相互关联的。贪心算法则是以自顶向下的方式进行,以迭代的方式做出相继的贪心选择,每做出一次选择都会把问题简化成规模更小的子问题。下面借助两种具体的问题来理解它们的差别。

0-1背包问题:给定 n 种物品和一个容量为 r 的背包,其中物品 i 的重量是 w,价值是 v,问如何装入物品,才能让装入物品的价值最大? 对于每一个物品,它只有两种选择,装进去或者不装,也就是 1 和 0 的选择,不能将它分开进行,即形式化描述为:

$$\max \sum_{k=i}^{n} v_k x_k \quad \text{s.t.} \begin{cases} \sum_{k=i}^{n} w_i x_i \le j \\ x_k \in \{0,1\}, \ i \le k \le n \end{cases}$$

背包问题:给定 n 种物品,每种物品已知重量和价值为 w_i, v_i。问如何装才能使得最后背包中的价值最大? 此时,每个物品可以选择部分装入,即形式化描述为:

$$\max \sum_{k=i}^{n} v_k x_k \quad \text{s.t.} \begin{cases} \sum_{k=i}^{n} w_i x_i \le j \\ 0 \le x_k \le 1, \ i \le k \le n \end{cases}$$

这两个问题都含有最优子结构,每次选择装入的物品之后,剩下的背包和剩下的物品和原来的问题是相同的类型。可以使用相同的方法进行求解来得出这个子问题的答案,直到最后一个问题解决,这个问题就解决了。

但是这两个问题也有很大的不同,0-1背包问题中的物品是不能分开放入的,但是背包问题中是可以分开的,这也就导致这两个问题是要使用不同的算法来进行解答。这还可以证明背包问题具有贪心选择性质,可以用贪心算法求解,但是0-1背包问题不能使用贪心算法来解决。

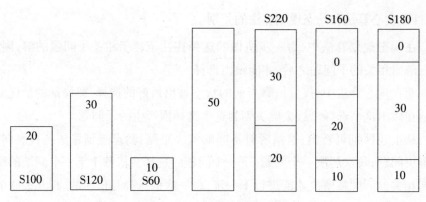

图 6-1 0-1背包问题实例

通过上面图例可以看出,在0-1背包问题中,如果使用贪心算法求解,那么就要进行最优的选择,其最优选择就是选择单位价值最大的物品放入。上面的例子中,单位价值最大的排列分别是10最大,其次是20,然后是30。那么根据贪心选择,第一个选择的应该就是10,然后是20,这样背包的空间就只剩下20,不能装下剩下的30这个物品,那么它的总价值就是160;但是这个问题的最优解是将20和30装入背包中,这样的装入产生的价值是220,明显大于前者。

0-1背包问题之所以不能使用贪心算法,是因为贪心选择无法保证最终能够将背包尽可能地装满,部分闲置的背包空间使得每千克背包空间的价值降低了。那么对于这样的问题,我们考虑的不是单位价值最大的物品的放入方案,而是放入这个物品和不放入这个物品之间的比较。这是一种状态的比较,是否放入将造成两种不同的状态,动态规划算法要比较的就是这两种状态的差别,然后做出更好的选择。这样就会造成很多子问题的重叠,这是动态规划算法的一大重要特征。所以,动态规划算法可以有效地求解0-1背包问题。

第三节 最优装载问题

问题描述:一艘载重为C的轮船,要求在装载体积不受限制的情况下,将尽可能多的集装箱装上轮船,集装箱的重量分别是w_i。问题可形式化描

述为:

$$\max \sum\nolimits_{i=1}^{n} x_i \quad \text{s.t.} \begin{cases} x_i \in \{0,1\}, \ 1 \leqslant i \leqslant n \\ \sum\nolimits_{i=1}^{n} w_i x_i \leqslant C \end{cases}$$

式中,$x_i = 0$表示第i个集装箱不放入货船中,等于$x_i = 1$表示放入货船。

一、最优装载的贪心选择性质

首先假设集装箱的重量已经按照从小到大排序,并且$(x_1, x_2, \cdots, x_n)$是该问题的一个最优解。又设$k = \min\{i | x_i = 1\}(1 \leqslant i \leqslant n)$。如果给定问题有解,则$1 \leqslant k \leqslant n$。[①]

当k=1时,即第一个重量最轻的箱子被加入解集中,那么$(x_1, x_2, \cdots, x_n)$是一个满足贪心选择性质的最优解。

当k>1时,可以将第一个箱子与第k个箱子互换,即将第k个箱子从轮船中取出,再将第1个箱子放入轮船。由于箱子已经按照重量做升序排序,故有$w_1 \leqslant w_k$,因此,替换后的方案仍然不会超过轮船的载重量,并且轮船上箱子的数量保持不变。所以替换后的解决方案仍然是满足问题约束的最优解。可见,该解仍然是满足贪心选择性质的最优解。因此,最优装载问题满足贪心选择性质。

二、最优装载的最优子结构性质

设$(x_1, x_2, \cdots, x_n)$是最优装载问题的满足贪心选择性质的最优解,则$x_i = 1, (x_2, x_3, \cdots, x_n)$是以下问题的最优解:

$$\max \sum\nolimits_{i=2}^{n} x_i \quad \text{s.t.} \begin{cases} x_i \in \{0,1\}, \ 2 \leqslant i \leqslant n \\ \sum\nolimits_{i=2}^{n} w_i x_i \leqslant C - w_i \end{cases}$$

因此,该问题满足最优子结构的性质。

三、最优装载问题的贪心算法

贪心策略求解最优装载问题的算法6-4如下所示:

```
int MaxingLoading( int w[ ], int n)
int i, j, k=0;
sort(w, w+n);
```

---

①陈乾. 基于随机分布式贪心算法的变量选择[D]. 华东师范大学, 2019.

```
x[1..n]=0;
for(i=1;i<=n;i++){
    if(w[i]<=e)
    c=e-w[i];
    x[i]=1;
    k++;
}
return k;
```

算法6-4中主要包含两个部分：排序与顺序选择，其中基于比较的排序算法时间复杂度下界是$O(n\log n)$，而顺序比较的时间复杂度为$O(n)$，因此算法6-4的时间复杂度为$O(n\log n)$。

第四节 单源最短路径

一、单源最短路径问题的贪心性质

给定一个带权有向图$G = (V,E)$，其中每条边的权是非负实数。另外，还给定V中的一个顶点，称为源。现在要计算从源到所有其他各顶点的最短路径长度。这里路径的长度是指路上各边权之和。这个问题通常称为单源最短路径问题。

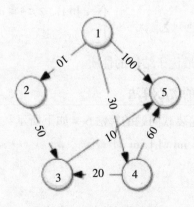

图 6-2　一个带权有向图

先以贪心思想初步分析,如图6-2带权有向图中,从顶点1出发的有3条边,长度分别为10、30、100。可以断定,1到2的最短路径就是(1,2)。因为不存在从1出发经过其他点之后比10还小的路径,"30+?"不可能小于10,"100+?"也不可能小于10。所以第一步就可以贪心地选择路径(1,2)为1到2的最短路径来作为一个解。接下来从2出发的路径有(2,3),长度为50,那么可认为1到3有一条新的路径(1,2,3),其长度为10+50=60,这条新的特殊路径一定比最初1到3没有路径的大数要小,所以更新1到3的路径长度为更小的特殊路径长度60。问题如图6-3所示,求从1出发到其余各顶点的最短路径。接下来继续用上述贪心思想求解,也可看出,此问题具有贪心选择性质和最优子结构性质。

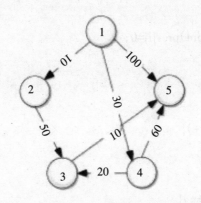

图 6-3　更新1到3特殊路径后的有向图

二、Dijkstra算法基本思想

Dijkstra算法是解单源最短路径问题的一个贪心算法。其基本思想是,由顶点集合S不断地做贪心选择来扩充这个集合。一个顶点属于集合S当且仅当从源到该顶点的最短路径长度已知。初始时,S中仅含有源这一个点。设u是G的某一个顶点,把从源到u且中间只经过S中顶点的路径称为从源到u的特殊路径,并用数组dist记录当前每个顶点所对应的最短特殊路径的长度。Dijkstra算法每次从V~S中取出具有最短特殊路长度的顶点u,将u添加到S中,同时对数组dist做更新。一旦S包含了所有V中顶点,dist就记录了从源到所有其他顶点之间的最短路径长度。[1]

---

[1]曹大有,马斌.基于遗传算法的单源最短路径研究[J].汉江师范学院学报,2021,41(06):1-5.

Dijkstra算法可描述如下，其中输入的带权有向图是G=(V,E)，V=(1,2,…,n)，顶点o是源。c是一个二维数组，e[i][j]表示边(i,j)的权。当(i,j)∉E时，e[i][j]是一个大数，也就是用无穷大的数表示不存在i到j的边。dist[i]表示当前从源到顶点i的最短特殊路径长度。

算法6-5：

```
void Dijkstra(int n,int v,int dist[ ],int prev[],int* *c)
//单源最短路径的Dijkstra算法
bool s[max int];
for(int  i =1;i<=n;i++){
    dist[i]=e[v][i];
    s[i]=false;
    if(dist[i]==max  int)prev[i]=0;
    else prev[i]=v;
    dist[v]=0;
    s[v]=ture;}
for(int  i=1;i<n;i++){
    int tmp=max  int;
    int  u=v;}
for(int j=1;j<=n;j++){
    if(! s[j])&&(dist[j]< temp))
    u=j;
    temp=dist[j];
    s[u]=true;}
for(int  j= 1;j<= n; j++) {
    if((! s[j]) && (e[u][j] < max  int) )
    Type new dist = dist[u] + e[u][j];
    if( new dist < dist[j])
    dist[j] = new dist;
    prev [j] = u;}
```

上述Dijkstra算法只求出从源顶点到其他顶点间的最短路径长度。如果还要求出相应的最短路径，可以用算法中数组prev记录的信息。算法中数组 prev[i] 记录的是从源到顶点 i 的最短路径,上 i 的前一个顶点。初始时,对所有 i≠1,置 prev[i]=v。在 Dijkstra 算法中更新最短路径长度时,只要 ist[u]+c[u][i]<dist[i]时,就置 prev[i]=u。当 Dijkstra 算法终止时,就可以根据数组 prev 找到从源到 i 的最短路径上每个顶点的前一个顶点,从而找到从源到 i 的最短路径。

三、Dijkstra算法的正确性和计算复杂性

下面讨论 Dijkstra 算法的正确性和计算复杂性。

1.贪心选择性质

Dijkstra算法是应用贪心算法设计策略的典型例子。它所做的贪心选择是从 V~S 中选择具有最短特殊路径的顶点 u,从而确定从源到 u 的最短路径长度 dist[u]。这种贪心选择为什么能得到最优解呢?换句话说,为什么从源到 u 没有更短的其他路径呢?事实上,如果存在一条从源到 u 且长度比 dist[u] 更短的路,设这条路初次走出 S 之外到达的顶点为 x∈V~S,然后徘徊于 s 内外若干次,最后离开 S 到达 u,如图6-4所示。

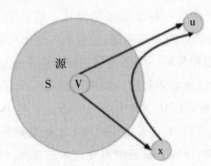

图 6-4　从源到u的最短路径

在这条路径上,分别记 $d(n,x)$、$d(x,u)$ 和 $d(o,x)$ 为顶点 o 到 x、u 的路径长,那么,

$$dist[x] \leq d(v,x)d(v,x) + d(x,u) = d(u,v) < dist[u]$$

因为边权不可能是负的,可知 $d(x,u) \geq 0$,从而推得 $dist[x] < dist[u]$,此为矛盾。这就证明了 $dist[u]$ 是从源到顶点 u 的最短路径长度。

2.最优子结构性质

该性质描述为:如果 $S(i,j) = \{V_i \cdots V_k \cdots V_s \cdots V_j\}$ 是从顶点 i 到 j 的最短路径,k 和 s 是这条路径上的一个中间顶点,那么 $S(k,s)$ 必定是从 k 到 s 的最短路径。下

面用反证法证明该性质的正确性。

假设 $S(i,j) = \{V_i \cdots V_k \cdots V_s \cdots V_j\}$ 是 (i,j) 的最短路径,

$\Rightarrow S(i,j) = S(i,k) + S(k,s) + S(s,j)$

$\Rightarrow$ 而 $S(k,s)$ 不是从 k 到 s 的最短距离,那么必定存在另一条从 k 到 s 的最短路径 $S'(k,s)$;

$\Rightarrow S'(i,j) = S(i,k) + S'(k,s) + S(s,j) < S(i,j)$

$\Rightarrow$ 与 $S(i,j)$ 是从 i 到 j 的最短路径相矛盾。

(3)计算复杂性

如果用带权邻接矩阵表示 n 个顶点和 e 条边的带权有向图,那么 Dijkstra 算法的时间复杂度是 $O(n^2)$。因为需要执行 n-1 次循环,而循环体每次循环需要 $O(n)$ 时间,所以完成循环需要 $O(n^2)$ 时间。算法的其余部分所需时间不超过 $O(n^2)$。

四、Dijkstra算法应用——成语游戏

问题描述:Tom 正在玩一种成语接龙游戏。成语是一个包含多个中文字符、具有一定含义的短语。游戏规则是:给定 Tom 两个成语,他必须选用一组成语,该组成语中第一个和最后一个必须是给定的两个成语。在这组成语中,前一个成语的最后一个汉字必须和后一个成语的第一个汉字相同。在游戏过程中,Tom 有一本字典,他可以从字典中选用成语。字典中每个成语都有一个权值 T,表示选用这个成语后,Tom 需要花时间 T 才能找到下一个合适的成语。编写一段程序,给定字典,计算 Tom 至少需要花多长时间才能找到一个满足条件的成语组。

算法输入:输入文件包含多个测试数据。每个测试数据包含一本成语字典。字典的第一行是一个整数 N,0<N<1000,表示字典中有 N 个成语;接下来有 N 行,每行包含一个整数 T 和一个成语,其中 T 表示 Tom 走出这一步所花的时间。每个成语包含多个(至少3个)中文汉字,每个中文汉字包含4位十六进制位(即0~9,A~F)。注意,字典中第一个和最后一个成语为游戏中给定的起始和目标成语。输入文件最后一行为 N=0,代表输入结束。例如:

5

5　12345978ABCD2341

```
5   23415608ACBD3412
7   34125678AEFD4123
15 23415673ACC34123
4 41235673FBCD2156
2
20   12345678ABCD
30   DCBF5432167D
0
```

算法输出:对输入文件中的每个测试数据,输出一行,为一个整数,表示Tom所花的最少时间。如果找不到这样的成语组,则输出-1。

分析:假设用图中的顶点代表字典中的每个成语,如果第i个成语的最后一个汉字跟第j个成语的第一个汉字相同,则画一条有向边,由顶点i指向顶点j,权值为题目中所提到的时间T。选用第i个成语后,Tom需要花时间T才能找到下一个合适的成语。这样,样例输入中两个测试数据所构造的有向网如图6-5所示。

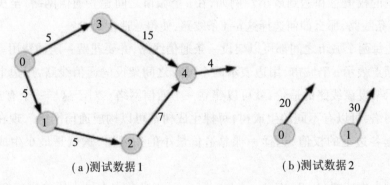

(a)测试数据1　　　　　　(b)测试数据2

图 6-5　成语接龙游戏

构造好有向网后,问题就转化成求一条从顶点0到顶点N-1的最短路径,如果从顶点0到顶点N-1没有路径,则输出-1。例如,图6-5(a)顶点0到顶点4的最短路径长度为17,所以输出17;而在图6-5(b)中从顶点0到顶点1不存在路径,所以输出-1。因为源点是固定的,即顶点0,所以可采用Dijkstra算法求源点到第N-1个顶点之间的最短路径长度。

第五节　最小生成树

一、最小生成树概念

生成树(Spanning tree)：无向连通图 G 的一个子图如果是一棵包含 G 的所有顶点的树,则该子图称为 G 的生成树。生成树是连通图的极小连通子图。这里所谓极小是指：若在树中任意增加一条边,则将出现一个回路;若去掉一条边,将会使之变成非连通图。

按照生成树的定义,包含 n 个顶点的连通图,其生成树有 n 个顶点、n-1 边。用不同的遍历方法遍历图,可以得到不同的生成树;从不同的顶点出发遍历图,也能得到不同的生成树。所以,有时需要根据应用的需求选择合适的边构造一个生成树,如本章所要讨论的最小生成树。

对于一个带权的无向连通图(即无向网)来说,如何找出一棵生成树,使得各边上的权值总和达到最小？ 例如,在 n 个城市之间建立通信网络,至少要架设 n-1 条线路,那么如何选择这 n-1 条线路,使得总造价最少？

在每两个城市之间都可以架设一条通信线路,并要花费一定的费用。若用图的顶点表示 n 个城市,用边表示两个城市之间架设的通信线路,用边上的权值表示架设该线路的造价,就可以建立一个通信网络。对于这样一个有 n 个顶点的网络,可以有不同的生成树,每棵生成树都可以构成通信网络。现在希望能根据各边上的权值,选择一棵总造价最小的生成树,这就是最小生成树的问题。

最小生成树(MST, Minimum spanning tree,或者称为最小代价生成树 Minimum-costspanning tree)：对无向连通图的生成树,各边的权值总和称为生成树的权,权最小的生成树称为最小生成树。构造最小生成树的准则有三条：

(1)必须只使用该网络中的边来构造最小生成树;

(2)必须使用且仅使用 n-1 条边来连接网络中的 n 个顶点;

(3)不能使用产生回路的边。

构造最小生成树的算法主要有：克鲁斯卡尔(Kruskal)算法、Boruvka 算法和普里姆(Prim)算法,它们都得遵守以上准则,且都采用了一种逐步求解的策略：

设一个连通无向网为$G(V,E)$，顶点集合 V 中有 n 个顶点。最初先构造一个包括全部 n 个顶点和 0 条边的森林 Fores=$\{T_0,T_1,\cdots,T_{n-1}\}$，以后每一步向 Forest 中加入一条边，它应当是一端在 Forest 中的某一棵树 T_i 上，而另一端不在 T_i 上的所有边中具有最小权值的边。由于边的加入，使 Forest 中的某两棵树合并为一棵，经过 n−1 步，最终得到一棵有 n−1 条边的、各边权值总和达到最小的生成树。接下来讨论克鲁斯卡尔算法。[①]

二、克鲁斯卡尔算法思想

克鲁斯卡尔算法的基本思想是以边为主导地位，始终都是选择当前可用的最小权值的边。具体为：

设一个有 n 个顶点的连通网络为 $G(V,E)$，先构造一个只有 n 个顶点，没有边的非连通图 $T=\{V,\psi\}$，图中每个顶点自成一个连通分量。

当在 E 中选择一条具有最小权值的边时，若该边的两个顶点落在不同的连通分量上，则将此边加入 T 中；若这条边的两个顶点落在同一个连通分量上，则将此边舍去（此后永不选用这条边），重新选择一条权值最小的边。

如此重复下去，直到所有顶点在同一个连通分量上为止。利用克鲁斯卡尔算法构造最小生成树的过程如下：首先构造只有 7 个顶点，没有边的非连通图。剩下的过程为（每条边旁边的序号跟下面的序号是一致的）：

在边的集合 E 中选择权值最小的边，即(1,6)，权值为 10。

在集合 E 剩下的边中选择权值最小的边，即(3,4)，权值为 12。

在集合 E 剩下的边中选择权值最小的边，即(2,7)，权值为 14。

在集合 E 剩下的边中选择权值最小的边，即(2,3)，权值为 16。

在集合 E 剩下的边中选择权值最小的边，即(7,4)，权值为 18，但这条边的两个顶点位于同一个连通分量上，所以要舍去；继续选择一条权值最小的边，即(4,5)，权值为 22。

在集合 E 剩下的边中选择权值最小的边，即(7,5)，权值为 24，但这条边的两个顶点位于同一个连通分量上，所以要舍去；继续选择一条权值最小的边，即(6,5)，权值为 25。

---

①张安珍,李建中. 不确定图最小生成树算法[J]. 智能计算机与应用,2019,9(06):1-5+12.

至此,最小生成树构造完毕,最终构造的最小生成树的权值为99。

算法 6-6:

T=(V,p);

while(T中所含边数<n-1)

E中选取当前权值最小的边(u,v);

E中删除边(u,v);

if[边(u,v)的两个顶点落在两个不同的连通分量上]

将边(u,v)并入T中;Kruskal算法的伪代码如算法6-6所示,它在每选择一条边加入生成树集合T时,有两个关键步骤:一是从E中选择当前权值最小的边(u,v),实现时可以用最小堆来存放E中所有的边;二是将所有边的信息(边的两个顶点、权值)存放到一个数组edges中,并将edges数组按边的权值从小到大进行排序,然后依先后顺序选用每条边。

选择权值最小的边后,要判断两个顶点是否属于同一个连通分量,如果是,则要舍去;如果不是,则选用,并将这两个顶点分别所在的连通分量合并成一个连通分量。在实践中可以使用并查集来判断两个顶点是否属于同一个连通分量,以及将两个连通分量合并成一个连通分量。

下面介绍并查集的原理及使用方法。

三、等价类与并查集

并查集主要用来解决判断两个元素是否同属一个集合,以及把两个集合合并成一个集合的问题。

"同属一个集合"关系是一个等价关系,因为它满足等价关系(equivalent relation)的三个条件(或称为性质):

(1)自反性:如X=X,则X=X;(假设用"X=Y"表示"X与Y等价");

(2)对称性:如X=Y,则Y=X;

(3)传递性:如X=Y,且Y=Z,则X=Z。

如果X=Y,则称X与Y是一个等价对(equivalence)。

等价类:设R是集合A上的等价关系,对任何$a \in A$,集合$[a]R = \{x | x \in A,$且$aRx\}$称为元素a形成的R等价类,其中,aRx表示a与x等价。所谓元素a的等价类,就是所有跟a等价的元素构成的集合。

等价类应用:设初始时有一集合S={1,2,3,4,5,6,7,8,9,10,11,12};依次

读若干事先定义的等价对 $1=5,4=2,7=11,9=10,8=5,7=9,4=6,3=12,12=1$；现在需要根据这些等价对将集合 s 划分成若干个等价类。

在每次读入一个等价对后，把等价类合并起来。初始时，各个元素自成一个等价类（用{ }表示一个等价类）。在每读入一个等价对后，各等价类的变化依次为：

初始：$\{1\},\{2\},\{3\},\{4\},\{5\},\{6\},\{7\},\{8\},\{9\},\{10\},\{11\},\{12\}$

$1=5$：$\{1,5\},\{2\},\{3\},\{5\},\{6\},\{7\},\{8\},\{9\},\{10\},\{11\},\{12\}$

$4=2$：$\{1,51,12,4\},\{3\},\{6\},\{7\},\{8\},\{9\},\{10\},\{11\},\{12\}$

$7=11$：$\{1,5\},\{2,4\},13\},\{6\},\{7,11\},\{8\},\{9\},\{10\},\{12\}$

$9=10$：$\{1,5\},\{2,4\},\{3\},\{6\},\{7,11\},\{8\},\{9,10\},112\}$

$8=5$：$\{1,5,8\},\{2,41,\{3\},\{6\},\{7,11\},\{9,10\},\{12\}$

$7=9$：$\{1,5,8\},\{2,41,\{3\},\{6\},\{7,9,10,11\},\{12\}$

$4=6$：$\{1,5,8\},\{2,4,6\},\{3\},\{7,9,10,11\},\{12\}$

$3=12$：$\{1,5,8\},\{2,4,6\},\{3,12\},\{7,9,10,11\}$

$12=1$：$\{1,3,5,8,12\},\{2,4,6\},\{7,9,10,11\}$

并查集(union-find set)这个数据结构可以方便快速地实现这个问题。并查集对这个问题的处理思想是：初始时把每一个对象看作是一个单元素集合；然后依次按顺序读入等价对后，将等价对中的两个元素所在的集合合并。在此过程中将重复地使用一个搜索(find)运算，确定一个元素在哪一个集合中。当读入一个等价对 A=B 时，先检测 A 和 B 是否同属一个集合，如果是，则不用合并；如果不是，则用一个合并(union)运算把 A、B 所在的集合合并，使这两个集合中的任两个元素都是等价的（依据是等价的传递性）。因此，并查集在处理时主要有搜索和合并两个运算。

为了方便并查集的描述与实现，通常把先后加入一个集合中的元素表示成一棵树结构，并用根结点的序号来代表这个集合。因此，定义一个 parent[n]的数组，parent[i]中存放的就是结点 i 所在的树中结点 i 父亲结点的序号。例如，如果 parent[4]=5，就是说 4 号结点的父亲是 5 号结点。约定：如果结点 i 的父结点（即 parent[i]）是负数的话，表示结点 i 就是它所在集合的根结点，因为集合中没有结点的序号是负的，并且用负的绝对值作为这个集合中所含结点个数。例如，如果 parent[7]=-4，说明 7 号结点就是它所在集合的根结点，这个集合有 4 个元素。初始时，所有结点的 parent[ ]值为-1，说明每个结点都是根结点（N 个独立结点集合），只包含一个元素（就是自己）。实现并查集数据结构主要有三个函数，如算法6-7。

算法6-7：

```
void UFset( )//初始化
for(int i=0;i<N;i++)
    parent[i]=-1;
    int Find(int x)
//查找并返回结点x所属集合的根结点
int s;//查找位置
//一直查找到parent[s]为负数（此时的s即为根结点）为止
for(s=x;parent[s]>=0;s=parent[s]);
while(s!=x)//用压缩路径来优化,使后续的查找操作加速
    int tmp=parent[x];parent[x]=s;
    x=tmp;
    return s;
//R1和R2是两个元素,属于两个不同的集合,现在合并这两个集合
void Union(int R1,int R2)
//r1为R1的根结点,r2为R2的根结点
int rl=Find(R1),r2=Find(R2);
int tmp=parent[r1]+parent[r2];//两个集合结点个数之和（负数）
//如果R2所在树结点个数>R1所在树结点个数
//注意parent[r1]和parent[r2]都是负数
if(parent[r1] > parent[r2])//用加权法则来优化
    parent[r1]=r2;//将根结点r1所在的树作为r2的子树（合并）
    parent[r2]=tmp;//更新根结点r2的parent[ ]值
else
    parent[r2]= r1;//将根结点r2所在的树作为r1的子树（合并）
    parent[r1]=tmp;//更新根结点r1的parent[ ]值
```

接下来对Find函数和Union函数的实现过程做详细解释。

Find函数：在Find函数中如果仅仅靠一个循环来直接得到结点所属集合的根结点，通过多次的Union操作就会有很多结点在树的较深层次中，再查找起来

就会很费时。我们可以通过压缩路径来加快后续的查找速度:增加一个While循环,每次都把从结点x到集合根结点的路径上经过的结点直接设置为根结点的子女结点。虽然这增加了时间,但以后的查找会更快。

Union函数:两个集合并时,任一方可作为另一方的子孙。怎样来处理呢?现在一般采用加权合并,把两个集合中元素个数少的根结点作为元素个数多的根结点的子女结点。直观上看,这样做可以减少树中的深层元素的个数,减少后续查找时间。

四、Kruskal算法实现

本节首先以无向网为例,解释Kruskal算法执行过程中并查集的初始化、路径压缩、合并等过程,如图6-6所示。

如图6-6(a)所示,并查集的初始状态为各个顶点各自构成一个连通分量,每个顶点上方的数字表示其parent[ ]元素值。

如图6-6(b)所示,无向网是9条边组成的数组,并且已经按照权值从小到大排好序了,在Kruskal算法执行过程当中,从这个数组中依次选用每条边,如果某条边的两个顶点位于同一个连通分量上,则要舍去这条边。

如图6-6(c)所示,依次选用(1,6)、(3,4)、(2,7)这3条边后,顶点1和6组成一个连通分量,顶点3和4组成一个连通分量,顶点2和7组成一个连通分量,顶点5单独构成一个连通分量。

如图6-6(d)所示,选用边(2,3)后,要合并顶点2和顶点3分别所在的连通分量,合并的结果是顶点3成为顶点2所在子树中根结点(即顶点2)的子结点。

如图6-6(e)所示,要特别注意,选用边(4,7)时,因为这两个顶点位于同一个连通分量上,所以这条边将会被弃用。但在查找顶点4的根结点时,会压缩路径,使得从顶点4到根结点的路径上的顶点都成为根结点的子女结点,这样有利于以后的查找。

如图6-6(f)所示,选用边(4,5)后,要将顶点5合并到顶点4所在的连通分量上,合并的结果是顶点5成为顶点4所在子树中根结点(即顶点2)的子结点。

如图6-6(g)所示,首先弃用边(5,7),再选用边(5,6),要将顶点6所在的连通分量合并到顶点5所在的连通分量上,因为前一个连通分量的顶点个数较少。

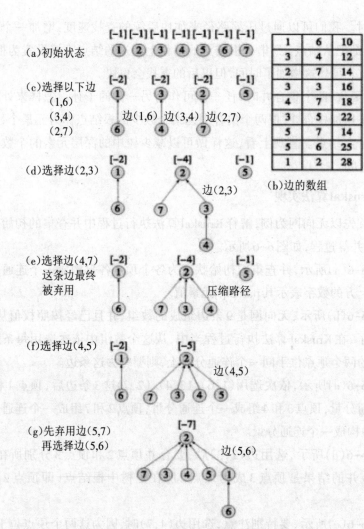

图 6-6 Kruskal 算法的实现过程

至此，Kruskal算法执行完毕，选用了n-1条边，连接n个顶点。

利用Kruskal算法求无向网的最小生成树，并输出依次选择的各条边及最终求得的最小生成树的权，如算法6-8所示。假设数据输入时采用如下的格式进行输入：首先输入顶点个数n和边数m，然后输入m条边的数据。每条边的数据格式为：u,v,w，分别表示这条边的两个顶点及边上的权值。顶点序号从1开始计起。

分析：在下面的代码中，首先读入边的信息，存放到数组edges中，并按权值从小到大进行排序。Kruskal算法的实现：首先初始化并查集，然后从edges数组中依次选用每条边，如果这条边的两个顶点位于同一个连通分量，则要弃用这条边;否则合并这两个顶点所在的连通分量。

算法6-8：

```
#include <estdio>
#include <estdlib>
#define MAXN 11//顶点个数的最大值
#define MAXM 20//边的个数的最大值
struct edge//边
int u,v,w;//边的顶点、权值
edges[MAXM];//边的数组
int parent[MAXN]//parent[i]为顶点i所在集合对应的树中的根结点
int n,m;//顶点个数、边的个数
int i,j;//循环变量
void UFset( )//初始化
for(i=1;i<=n;i++)parent[i] = −1;
    int Find(int x)//查找并返回节点x所属集合的根结点
    int s;//查找位置
for(s=x;parent[s]>=0;s = parent[s]);
while(s! = x)//用压缩路径来优化,使后续的查找操作加速。
    int tmp = parent[x];parent[x] = s;
    x = tmp;
return s;
//将两个不同集合的元素进行合并,使两个集合中任两个元素都连通
void Union(int R1,int R2)
int r1 = Find(R1),r2 = Find(R2);//r1为R1的根结点,r2为R2的根结点
int tmp = parent[r1]+parent[r2];//两个集合结点个数之和(负数)
//如果R2所在树结点个数>R1所在树结点个数(注意parent[r1]是负数)
if(parent[r1] > parent[r2])//用加权法则来优化
    parent[r1] = r2;parent[r2] = tmp;
else
    parent[r2] = r1;parent[r1] = tmp;
    int cmp(const void*a,const void*b)//实现从小到大排序的比较函数
```

```
    edge aa=*(const edge*)a;

    edge bb=*(const edge*)b;

return aa.w-bb.w;

void Kruskal( )

int sumweight = 0;//生成树的权值int num = 0;//已选用的边的数目

intu,v;//选用边的两个顶点

UFset( );//初始化parent[ ]数组

for(i=0;i<m;i++)

u = edges[i].u;v = edges[i].v;

if(Find(u)! = Find(v))

    print f("%d%d%d\n",u,v,edges[i].w);

    Sumweight+ = edges[i].w;

    num++;

    Union(u,v);

if(num> = n-1)break;

    print f("weight of MST is %d\n",sumweight);

    void main( )

    intu,v,w;

//边的起点和终点及权值scanf("%d%d",&n,&m);//读入顶点个数n

for(int i=0;i<m;i++)

Scanf("%d%d%d",&u,&v,&w);//读入边的起点和终点

edges[i].u= u;edges[i].v = v;edges[i].w = w;

qsort(edges,m,sizeof(edges[0]),cemp);//对边按权值从小到大排序

Kruskal( );
```

五、Kruskal算法的时间复杂度分析

在代码中,执行 Kruskal 函数前进行了一次排序操作,时间代价为 $\log 2m\log 2m$;在 Kruskal 函数中,最多需要进行 m 次循环,共执行 2m 次 Find( )操作,n-1 次 Union( )操作,其时间代价分别为 $o(2m\log 2n)$ 和 $o(n)$。所以 Kruskal 算法的时间复杂度为: $o(\log 2m + 2m\log 2n + n)$。因此,Kruskal 算法的时间复杂度主要取决于边的数目,比较适合于稀疏图。

第七章 回溯法与分支界限法

第一节 回溯法

在现实世界中,很多问题没有(至少目前没有)有效的算法,如TSP问题,这些问题的解只能通过穷举搜索来得到。为了使搜索空间缩小到尽可能小,需要采用系统化的搜索技术。回溯法(Back Track Method)就是一种有组织的系统化搜索技术,可以看作蛮力法穷举搜索的改进。蛮力法穷举搜索首先生成问题的可能解,然后再去评估可能解是否满足约束条件。而回溯法每次只构造可能解的一部分,然后评估这个部分解,如果这个部分解有可能导致一个完整解,则对其进一步构造;否则,就不必继续构造这个部分解了。回溯法常常可以避免搜索所有的可能解,所以,它适用于求解组合数量较大的问题。

一、概述

(一)基本问题简述

复杂问题常常有很多的可能解,这些可能解构成了问题的解空间。解空间也就是进行穷举的搜索空间,所以解空间中应该包括所有的可能解。确定正确的解空间很重要,如果没有确定正确的解空间就开始搜索,可能会增加很多重复解,或者根本就搜索不到正确的解。[①]

例如,桌子上有6根火柴棒,要求以这6根火柴棒为边搭建4个等边三角形。可以很容易用5根火柴棒搭建两个等边三角形,但却很难将它扩展到4个等边三角形,如图7-1(a)所示。其实是问题的描述产生了误导,因为它暗示的是一个二维的搜索空间(火柴是放在桌子上的),但是,为了解决这个问题,必须在三维空间中考虑,如图7-1(b)所示。

---

①邱莉榕,胥桂仙,翁彧. 算法设计与优化[M]. 北京:中央民族大学出版社,2017.

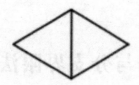

（a）二维搜索空间无解　　　　　（b）二维搜索空间的解

图 7-1　错误的解空间将不能搜索到正确答案

对于任何一个问题,可能解的表示方式和它相应的解释隐含了解空间及其大小。例如,对于有n个物品的0/1背包问题,其可能解的表示方式可以有以下两种:

第一,可能解由一个不等长向量组成,当物品i(1≤i≤n)装入背包时,解向量中包含分量i,否则,解向量中不包含分量i,解向量的长度等于装入背包的物品个数,则解空间由长度为0～n行的解向量组成。当n=3时,其解空间是:

$\{(\ ),(1),(2),(3),(1,2),(1,3),(2,3),(1,2,3)\}$

第二,可能解由一个等长向量$\{x_1,x_2,\cdots,x_n\}$组成,其中$x_i=1(1≤i≤n)$表示物品i装入背包,$x_i=0$表示物品i没有装入背包,则解空间由长度为n的0/1向量组成。当n=3时,其解空间是:

$\{(0,0,0),(0,0,1),(0,1,0),(1,0,0),(0,1,1),(1,0,1),(1,1,0),(1,1,1)\}$

为了用回溯法求解一个具有n个输入的问题,一般情况下,将其可能解表示为满足某个约束条件的等长向量$X=(x_1,x_2,\cdots,x_n)$,其中分量$x_i(1≤i≤n)$的取值范围是某个有限集合$S_i=\{a_{i1},a_{i2},\cdots,a_{ii}\}$,所有可能的解向量构成了问题的解空间。例如,n个城市的TSP问题,将其可能解表示为向量$X=(x_1,x_2,\cdots,x_n)$,其中分量$x_i(1≤i≤n)$的取值范围$S=\{1,2,\cdots,n\}$,并且解向量必须满足约束条件$x_i\neq x_j(1≤i,j≤n)$。当n=3时,TSP问题的解空间为:

$\{(1,2,3),(1,3,2),(2,1,3),(2,3,1),(3,1,2),(3,2,1)\}$

问题的解空间一般用解空间树(Solution Space Trees,也称状态空间树)的方式组织,树的根节点位于第1层,表示搜索的初始状态,第2层的节点表示对解向量的第一个分量做出选择后到达的状态,第1层到第2层的边上标出对第一个分量选择的结果,以此类推,从树的根节点到叶子节点的路径就构成了解空间的一个可能解。

对于n=3的0/1背包问题,其解空间树如图7-2所示,树中第i层与第i+1层

(1≤i≤n)节点之间的边上给出了对物品i的选择结果,左子树表示该物品被装入了背包,右子树表示该物品没有被装入背包。树中的8个叶子节点分别代表该问题的8个可能解,例如节点8代表一个可能解(1,0,0)。

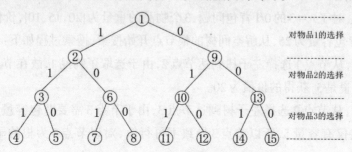

图7-2 0/1背包问题的解空间树

对于n=4的TSP问题,其解空间树如图7-3所示,树中第i层与第i+1层(1≤i≤n)节点之间的边上给出了分量x_i的取值。记i←j表示从顶点i到顶点j的边(1≤i,j≤n),从图7-3中可以看到,根节点有4棵子树,分别表示从顶点1、2、3、4出发求解TSP问题,当选择第1棵子树后,节点2有3棵子树,分别表示1→2、1→3、1→4,以此类推。树中的24个叶子节点分别代表该问题的24个可能解,例如节点5代表一个可能解,路径为1→2→3→4→1,长度为各边代价之和。

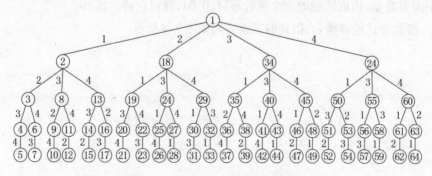

图7-3 n=4的TSP问题的解空间树

(二)解空间树的动态搜索

蛮力法是对整个解空间树中的所有可能解进行穷举搜索的一种方法,但是,只有满足约束条件的解才是可行解,只有满足目标函数的解才是最优解,这就有可能缩小搜索空间。回溯法是从根节点出发,按照深度优先策略遍历解空间树,搜索满足约束条件的解。在搜索至树中任一节点时,先判断该节点对应的部分解是否满足约束条件,或者是否超出目标函数的界,也就是判断该节点是否包含问题的(最优)解,如果肯定不包含,则跳过对以该节点为根的子树的搜索,即所谓剪枝(Pruning);否则,进入以该节点为根的子树,继续按照深度优先策略搜索。

例如,对于n = 3的0/1背包问题,3个物品的重量为{20,15,10},价值为{20,30,25},背包容量为25,从解空间树的根节点开始搜索,搜索过程如下:

第一,从节点1选择左子树到达节点2,由于选取了物品1,故在节点2处背包剩余容量是5,获得的价值为20。

第二,从节点2选择左子树到达节点3,由于节点3需要背包容量为15,而现在背包仅有容量5,所以节点3导致不可行解,对以节点3为根的子树实行剪枝。

第三,从节点3回溯到节点2,从节点2选择右子树到达节点6,节点6不需要背包容量,获得的价值仍为20。

第四,从节点6选择左子树到达节点7,由于节点7需要背包容量为10,而现在背包仅有容量5,因此节点7导致不可行解,对以节点7为根的子树实行剪枝。

第五,从节点7回溯到节点6,在节点6选择右子树到达叶子节点8,而节点8不需要容量,构成问题的一个可行解(1,0,0),背包获得价值20。

按此方式继续搜索,得到的搜索空间如图7-4所示

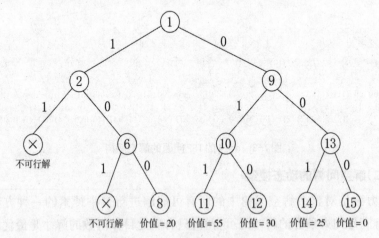

图7-4 0/1背包问题的搜索空间

从图7-3所示解空间树的根节点开始搜索,搜索过程如下:

第一,目标函数初始化为∞。

第二,从节点1选择第1棵子树到节点2,表示在图中从顶点1出发。

第三,从节点2选择第1棵子树到达节点3,表示在图中从顶点1到顶点2,路径长度为3。

第四,从节点3选择第1棵子树到达节点4,表示在图中从顶点2到顶点3,路径长度为3+2=5。

第五,从节点4选择唯一的一棵子树到节点5,表示在图中从顶点3到顶点4,路径长度为5+2=7,节点5是叶子节点,找到了一个可行解,路径为1→2→3→4→1,路径长度为7+3=10,目标函数值10成为新的下界,也就是目前的最优解。

第六,从节点5回溯到节点4,再回溯到节点3,选择节点3的第2棵子树到节点6,表示在图中从顶点2到顶点4,路径长度为3+8=11,超过目标函数值10,因此,对以节点6为根的子树实行剪枝。按此方式继续搜索,得到的搜索空间如图7-5所示。

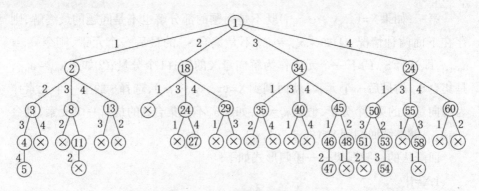

图 7-5　TPS问题的搜索空间

从上述例子可以看出,回溯法的搜索过程涉及的节点(称为搜索空间)只是整个解空间树的一部分,在搜索过程中,通常采用两种策略避免无效搜索:①用约束条件剪去得不到可行解的子树;②用目标函数剪去得不到最优解的子树。

这两类函数统称为剪枝函数(Pruning function)。需要注意的是,问题的解空间树是虚拟的,并不需要在算法运行时构造一棵真正的树结构,只需要存储从根节点到当前节点的路径。例如,在0/1背包问题中,只需要存储当前背包中装入物品的状态,在TSP问题中,只需要存储当前正在生成的路径上经过的顶点。

(三)回溯法的求解过程

由于问题的解向量 $X=(x_1,x_2,\cdots,x_n)$ 中的每个分量 $x_i(1{\leq}i{\leq}n)$ 都属于一个有限集合 $S_i=\{a_{i1},a_{i2},\cdots,a_{ii}\}$,所以,回溯法可以按某种顺序(如字典序)依次考察笛卡儿积 $S_1{\times}S_2{\times}\cdots{\times}S_n$ 中的元素。初始时,令解向量 X 为空,然后从根节点出发,选择 S_1 的第一个元素作为解向量 X 的第一个分量,即 $x_1=a_{12}$。如果 $X=(x_1)$ 是问题的部分解,则继续扩展解向量 X,选择 S_2 的第一个元素作为解向量 X 的第2个分量;否则,选择 S_1 的下一个元素作为解向量 X 的第一个分量,即 $x_1=a_{12}$。以此类推,一般情况下,如果 $X=(x_1,x_2,\cdots,x_i)$ 是问题的部分解,则选择 S_{i+1} 的第一个元素作为解向量 X 的第 $i+1$ 个分量时,有下面3种情况。

第一,如果 $X=(x_1,x_2,\cdots,x_{i+1})$ 是问题的最终解,则输出这个解。如果问题只希望得到一个解,就结束搜索,否则继续搜索其他解。

第二,如果 $X=(x_1,x_2,\cdots,x_{i+1})$ 是问题的部分解,则继续构造解向量的下一个分量。

第三,如果 $X=(x_1,x_2,\cdots,x_{i+1})$ 既不是问题的部分解也不是问题的最终解,则存在下面两种情况:①如果 $x_{i+1}=a_{i+1k}$ 不是集合 S_{i+1} 的最后一个元素,则令 $x_{i+1}=a_{i+1k+1}$,即选择 S_{i+1} 的下一个元素作为解向量 X 的第 $i+1$ 个分量;②如果 $x_{i+1}=a_{i+1k}$,是集合 S_{i+1} 的最后一个元素,就回溯到 $X=(x_1,x_2,\cdots,x_i)$,选择 S_i 的下一个元素作为解向量 X 的第 i 个分量,假设 $x_i=a_{ik}$,如果 a_{ik} 不是集合 S_i 的最后一个元素,则令 $x_i=a_{ik+1}$,就继续回溯到 $X=(x_1,x_2,\cdots,x_n)$。

回溯法的一般框架——递归形式如下:

1.X={}

2. flag=false

3. Advance(1)

4. If(flag)输出解 X

　　 else 输出"无解"

　　 advance(int k)

1.对每一个 $x{\in}S_k$ 循环执行下列操作

1.1 $x_k=x$

1.2 将 x_k 加入 X

1.3 if(X 是最终解)flag=true;return;

1.4 else if(X 是部分解)advance(k+1)

回溯法的一般框架——迭代形式如下：

1. X={}

2. Flag=false

3. k=1

4. while(k≥1)

4.1 当(S_k没有被穷举)循环执行下列操作

4.1.1 $x_k=S_k$中的下一个元素

4.1.2 将x_k加入X

4.1.3 if(X为最终解)flag=true；转步骤5

4.1.4 else if(X为部分解)k=k+1；转步骤4

4.2 重置S_k，使得下一个元素排在第1位

4.3 k=k−1； //回溯

5. if flag输出解X

else输出"无解"

(四)回溯法的时间性能

一般情况下，在问题的解向量X=(x_1,x_2,…,x_n)中，分量x_i(1≤i≤n)的取值范围为某个有限集合S_i={a_{i1},a_{i2},…,a_{ii}}，因此，问题的解空间由笛卡儿积A=S_1×S_2×…×S_n构成，并且第1层的根节点有|S_1|棵子树，则第2层共有|S_1|个节点，第2层的每个节点有|S_2|棵子树，则第3层共有|S_1|×|S_2|个节点，以此类推，第n+1层共有|S_1|×|S_2|×…×|S_n|个节点，它们都是叶子节点，代表问题的所有可能解。

在用回溯法求解问题时，常常遇到如下两种典型的解空间树。

第一，子集树(Subset trees)：当所给问题是从几个元素的集合中找出满足某种性质的子集时，相应的解空间树称为子集树。在子集树中|S_1| = |S_2| = … = |S_n|，即每个节点有相同数目的子树，通常情况下c = 2，所以，子集树中共有2^n个叶子节点，因此，遍历子集树需要$\Omega(2^n)$时间。例如，0/1背包问题的解空间树是一棵子集树。

第二，排列树(Permutation trees)：当所给问题是确定n个元素满足某种性质的排列时，相应的解空间树称为排列树。在排列树中，通常情况下，|S_1| = n，|S_2| = n−1，…，|S_n| = 1，所以，排列树中共有n! 个叶子节点，因此，遍历排列树需要$\Omega(n!)$时间。例如，TSP问题的解空间树是一棵排列树。

回溯法实际上属于蛮力穷举法，当然不能指望它有很好的最坏时间复杂

性,遍历具有指数阶个节点的解空间树,在最坏情况下,时间代价肯定为指数阶。然而,从本章介绍的几个算法来看,它们都有很好的平均时间性能。回溯法的有效性往往体现在当问题规模很大时,在搜索过程中对问题的解空间树实行大量剪枝。但是,对于具体的问题实例,很难预测回溯法的搜索行为,特别是很难估计出在搜索过程中所产生的节点数,这是分析回溯法的时间性能的主要困难。下面介绍用概率方法估算回溯法所产生的节点数。

1.估算回溯法产生节点数的概率方法的主要思想

假定约束函数是静态的(即在回溯法的执行过程中,约束函数不随算法所获得信息的多少而动态改变),在解空间树上产生一条随机路径,然后沿此路径估算解空间树中满足约束条件的节点总数。设 x 是所产生随机路径上的一个节点,且位于解空间树的第 i 层,对于 x 的所有孩子节点,计算出满足约束条件的节点数 m_i 路径上的下一个节点从 x 的满足约束条件的第 m_i 个孩子节点中随机选取,这条路径一直延伸,直到叶子节点或者所有孩子节点均不满足约束条件为止。

2.随机路径中含有的节点总数的计算方法

假设第 1 层有 m_0 个满足约束条件的节点,每个节点有 m_1 个满足约束条件的孩子节点,则第 2 层上有 m_2 个满足约束条件的节点;同理,假设第 2 层上的每个节点均有 m_2 个满足约束条件的孩子节点,则第 3 层上有 $m_0m_1m_2$ 个满足约束条件的节点,以此类推,第 n 层上有 $m_0m_1m_2\cdots m_{n-1}$ 个满足约束条件的节点,因此,这条随机路径上的节点总数为:$m_0 + m_0m_1 + m_0m_1m_2 + \cdots + m_0m_1m_2\cdots m_{n-1}$。

在使用概率估算方法估算搜索空间的节点总数时,为了估算得更精确一些,可以选取若干条不同的随机路径(通常不超过20条),分别对各随机路径估算节点总数,然后再取这些节点总数的平均值。

二、n 后问题

(一)问题描述

在 n×n 格的棋盘上放置彼此不受攻击的 n 个皇后。按照国际象棋的规则,皇后可以攻击与之处在同一行或同一列或同一斜线上的棋子。n 后问题等价于在 n×n 格的棋盘上放置9个皇后,任何2个皇后不放在同一行或同一列或同一斜线上。

(二)算法设计

用n元组x[1:n]表示n后问题的解。其中x[i]表示皇后i放在棋盘的第i行的第x[i]列。由于不允许将2个皇后放在同一列上,所以解向量中的x[i]互不相同。2个皇后不能放在同一斜线上是问题的隐约束。对于一般的n后问题,这一隐约束条件可以化成显约束的形式。如将n×n格的棋盘看作二维方阵,其行号从上到下,列号从左到右依次编号为1,2,…,n,从棋盘左上角到右下角的主对角线及其平行线(即斜率为-1的各斜线)上,2个下标值的差(行号 − 列号)值相等。同理,斜率为+1的每一条斜线上,2个下标值的和(行号 + 列号)值相等。因此,若2个皇后放置的位置分别是(i,j)和(k,l),且i−j=h−l或i+j=k+l,则说明这2个皇后处于同一斜线上。以上两个方程分别等价于i−k=j−l和i−k=l−j。由此可知,只要|i−k|=|j−l|成立,就表明2个皇后位于同一条斜线上。问题的隐约束就变成了显约束。

用回溯法解n后问题时,用完全n叉树表示解空间,用可行性约束Place剪去不满足行、列和斜线约束的子树。

在下面解n后问题的回溯法中,递归函数Backtrack实现对整个解空间的回溯搜索。Backtrack(i)搜索解空间中第i层子树。类Queen的数据成员记录解空间中节点信息,以减少传给Backtrack的参数。sum记录当前已找到的可行方案数。

在算法Backtrack中,当i>n时,算法搜索至叶节点,得到一个新的九皇后互不攻击放置方案,当前已找到的可行方案数sum增1。

当i≤n时,当前扩展节点Z是解空间中的内部节点。该节点有x[i]=1,2,…,n共n个儿子节点。对当前扩展节点Z的每一个儿子节点,由Place检查其可行性,并以深度优先的方式递归地对可行子树搜索,或剪去不可行子树。

解n后问题的回溯算法可描述如下:

```
class Queen{
    friend int nQueen(int);
    private:
    bool Place(int k);
    void Backtrack(int t);
    int n,   //皇后个数
    *x;   //当前解
```

```
long sum；//当前已找到的可行方案数
};
boolQueen：：Place(int k)
{ for(int j=1；j<k；j++)
if((abs(k-j)==abs(x[j]-x[k]))II(x[j]==x[k]))return false；
return true；
}
void Queen：：Backtrack(int t)
{if(t>n)sum++；
    else
    for(int i=1；i<=n；i++){
        x[t]=i；
        if(Place(t))Backtrack(t+1)；
    }
}
int nQueen(int n)
{Queen x；
    //初始化X
    X.n=n；
    X.Sum=0；
    int*p=new int[n+1]；
    for(int i=0；i<=n；i++)
    p[i]=0；
    X.x=p；
    X.Backtrack(1)；
    delete[]p；
    return X.sum；}
```

(三)迭代回溯

数组x记录了解空间树中从根到当前扩展节点的路径，这些信息已包含需要的信息。利用数组x所含的信息，可将上述回溯法表示成非递归形式，进一步省去O(n)递归栈空间。

解 n 后问题的非递归迭代回溯法 Backtrack 可描述如下：

```
class Queen{
    friend int nQueen(int);
    private:
    bool Place(int k);
    void Backtrack(void);
    int n,    //皇后个数
    *x;    //当前解
    long sum;  //当前已找到的可行方案数
};
bool Queen::Place(int k)
{ for(int j=1;j<k;j++)
    if((abs(k-j)==abs(x[j]-x[k]))II(x[j]==x[k]))return false;
    return true;
}
void Queen::Backtrack(void)
{ x[1]=0;
    int k=1;
    while(k>0){
    x[k]+=1;
    while((x[k]<=n)&&!(Place(k)))x[k]+=1;
    if(x[k]<=n)
    if(k==n)sum++;
    else{
        k++;
        x[k]=0;
        else k--;
    }
}
int nQueen(int n)
{ Queen X;
```

```
//初始化X
X.n=n:
X.sum=0;
int*P=new int[n+1];
for(int i=0;i<=n;i++)
p[i]=0;
X.X=p;
X.Backtrack( );
delete[]p;
return X.sum;
}
```

三、装载问题

(一)描述问题

有 n 个集装箱要装上 2 艘载重量分别为 c_1 和 c_2 的轮船,其中集装箱 i 的重量为 w_i,且 $\sum_{i=1}^{n} w_i \leqslant c_1 + c_2$,要求确定是否有一个合理的装载方案可将这 n 个集装箱装上这两艘轮船。如果有,请给出该方案。

(二)算法

回溯法解装载问题时,用子集树表示解空间最合适。

```
Void Backtrack(int)
{
  if(t>n)
  Output(x);
  else
  {
    for(int i=0;i<z;i++)
    {
    x[t]=i
    if(Constrain(t)&&Bound(t))
    Backtrack(t+1)
```

```
    } //for
  } //else
} //Backtrack
```

Maxloading 调用递归函数 Backtrack 实现回溯。Backtrack(i)搜索子集树第 i 层子树。i >n 时,搜索至叶节点,若装载量 > best w,更新 best w。当 i ≤n 时,扩展节点 Z 是子集树内部节点。左儿子节点当 cw + w[i] ≤c 时进入左子树,对左子树递归搜索。右儿子节点表示 x[i] = 0 的情形。

Backtrack 动态地生成解空间树。每个节点花费 O(1)时间。Backtrack 执行时间复杂度为 O(2n)。另外,backtrack 还需要额外 O(n)递归栈空间,可以再加入一个上界函数来剪去已经不含最优解的子树。设 Z 是解空间树第 i 层上的一个当前扩展节点,cur w 是当前载重量,max w 是已经得到的最优载重量,如果能在当前节点确定 cur w + 剩下的所有载重量 max w,则可以剪去些子树。所以,可以引入一个变量 r 表示剩余的所有载重量。虽然改进后的算法时间复杂度不变,但是平均情况下改进后算法检查节点数较少。进一步改进:①首先运行只计算最优值算法,计算最优装载量,再运行 backtrack 算法,并在算法中将 best w 置为 W,在首次到叶节点处终止;②在算法中动态更新 best w。每当回溯一层,将 x[i]存入 best x[i],从而算法更新 best 所需时间为 $O(2^n)$。

(三)算法实现

```
int Backtrack(int i)    //搜索第 i 层节点
{
    int j_index;
    //如果到达叶节点,则判断当前的 cw,如果比前面得到的最优解 best w
      好,则替换原最优解
    if(i>n))
    {
        if(cw>best w)
        {
        for(j_index=1;j_index<=n;j_index++)
        bestx[j_index]=x[j_index];
        bestw=cw;
        }/ if
```

```
          return 1
      }//if
//搜索子树
r - =w[i];
if(cw+w[i]<=c)  //搜索左子树,如果当前剩余空间可以放下当前物品,也就
                  是 cw+w[i]<=c
    {
    x[i]=1;
    cw+=w[i];  //把当前载重 cw+=w[i]
    Bacltrack(i+1);  //递归访问其左子树,backtrack(i+1)
    cw-=w[i];  //访问结束,回到调用点,cw-=w[i]
    }
    if(cw+r>best w)  //搜索右子树
    {
        x[i]=0;
        Backtrack(i=1)
    }
r+=w[i]
}
int Maxloading(int mu[],int c int n,int*mx)
{
    loading x;
    x.w=mu
    x.x=mx;
    x.c=c;
    x.n=n;
    x.bestw=0;
    x.cw=0;
    x.backtrack(1);
    return x.best w;
}
```

由此,可以总结出回溯法的一般步骤:①针对所给问题,定义问题的解空间;②确定易于搜索的解空间结构;③以深度优先方式搜索解空间,并在搜索过程中用剪枝函数避免无效搜索。

通过 DFS 思想完成回溯,完整过程如下:①设置初始化的方案(给变量赋初值,读入已知数据等);②变换方式去试探,若全部试完则转⑦;③判断此法是否成功(通过约束函数),不成功则转②;④试探成功则前进一步再试探;⑤正确方案还未找到则转②;⑥已找到一种方案则记录并打印;⑦退回一步(回溯),若未退到头则转②;⑧已退到头则结束或打印无解。

可以看出,回溯法的优点在于其程序结构明确,可读性强,易于理解,而且通过对问题的分析可以大大提高运行效率。但是,对于可以得出明显的递推公式迭代求解的问题,还是不要用回溯法,因为它花费的时间比较长。

四、图的着色问题

给定无向图 $G=(V,E)$,用 m 种颜色为图中每个顶点着色,要求每个顶点着一种颜色,并使相邻两个顶点之间具有不同的颜色,这个问题就称为图的着色问题。

图的着色问题是由地图的着色问题引申而来的:用 m 种颜色为地图着色,使得地图上的每一个区域着一种颜色,且相邻区域的颜色不同。如果把每一个区域收缩为一个顶点,把相邻两个区域用一条边相连接,就可以把一个区域图抽象为一个平面图。19世纪50年代,英国学者提出了任何地图都可用4种颜色来着色的四色猜想问题。过了一百多年,这个问题才由美国学者在计算机上予以证明,这就是著名的四色定理。

(一)图着色问题的求解过程

用 m 种颜色来为无向图 $G=(V,E)$ 着色,其中 V 的顶点个数为 n。为此,用一个 n 元组 $(c_1,c_2,\cdots,c_n)$ 来描述图的一种着色。其中,$c_i\in\{1,2,\cdots,m\}$,$1\leqslant i\leqslant n$,表示赋予顶点 i 的颜色。例如,五元组 $(1,3,2,3,1)$ 表示对具有5个顶点的图的一种着色,顶点1被赋予颜色1,顶点2被赋予颜色3,如此等等。如果在这种着色中,所有相邻的顶点都不会具有相同的颜色,就称这种着色是有效着色,否则称为无效着色。用 n 种颜色来给一个具有 m 个顶点的图着色,就有 m^n 种可能的着色组合。其中,有些是有效着色,有些是无效着色。因此,其状态空间树是一棵高度为 n 的完全 m 叉树。在这里,树的高度是指从树的根节点到叶子节点的最长通路的长度。每一个分支节点,都有 m 个儿子节点。最底层有 m^n 个叶子节点。例如,用3种颜色为具有3个顶点的图着色的状态空间树,如图7-6所示。

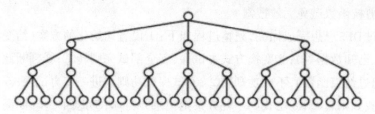

图 7-6 用3种颜色为具有3个顶点的图着色的状态空间树

用回溯法求解图的 m 着色问题时,按照题意可列出如下约束方程:

x[i]≠x[j]

若顶点 i 与顶点 j 相邻接,首先,把所有顶点的颜色初始化为0。然后,为每个顶点赋予颜色。如果其中 i 个顶点已经着色,并且相邻两个顶点的颜色都不一样,就称当前的着色是有效的局部着色;否则,就称为无效的着色。如果由根节点到当前节点路径上的着色,对应于一个有效的着色,并且路径的长度小于 n,那么相应的着色是有效的局部着色。这时,就从当前节点出发,继续搜索它的儿子节点,并把儿子节点标记为当前节点。同时,如果在相应路径上搜索不到有效的着色,就把当前节点标记为 d_节点,并去搜索对应于另一种颜色的兄弟节点。如果对所有 m 个兄弟节点,都搜索不到一种有效的着色,就回溯到其父亲节点,并把父亲节点标记为 d 节点,转移去搜索父亲节点的兄弟节点。这种搜索过程一直进行,直到根节点变为 d_节点,或搜索路径的长度等于 n,并找到了一个有效的着色。前者表示该图是 m 不可着色的,后者表示该图是 m 可着色的。

例如:三着色,即用3种颜色着色图7-7(a)所示的无向图。

用3种颜色为图7-7(a)所示无向图着色时所生成的搜索树如图7-7(b)所示。首先,把五元组初始化为(0,0,0,0,0)。然后,从根节点开始向下搜索,以颜色1为顶点 A 着色,生成节点2时产生(1,0,0,0,0),是一个有效的局部着色。继续向下搜索,以颜色1为顶点 B 着色,生成节点3时产生(1,1,0,0,0),是个无效着色,节点3成为 d_节点;所以,继续以颜色2为顶点 B 着色,生成节点4时产生(1,2,0,0,0),是个有效着色。继续向下搜索,以颜色1及2为顶点 C 着色时,都是无效着色,因此节点5和6都是 d_节点。最后以颜色3为顶点 C 着色时,产生(1,2,3,0,0),是个有效着色。重复上述步骤,最后得到有效着色(1,

2,3,3,1)。

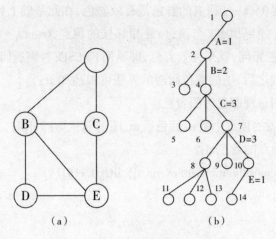

图 7-7   回溯法解图三着色的例子

图7-7(a)所示无向图的状态空间树,其节点总数为1+3+9+27+81+243=364个,而在搜索过程中所访问的节点数只有14个。

假定图的n个顶点集合为{0,1,2,…,n-1},颜色集合为{1,2,…,m},用数组x[n]来存放n个顶点的着色,用邻接矩阵c[n][n]来表示顶点之间的邻接关系,若顶点i和顶点j之间存在关联边,则元素c[i][j]为真,否则为假。所使用的数据结构如下:

Int   n;   //顶点个数

Int   m;   //最大颜色数

Int   x[n];   //顶点的着色

BOOL   c[n][n];   //布尔值表示的图的邻接矩阵

此外,用函数ok来判断当前顶点的着色是否为有效的着色,如果是有效着色,就返回"真",否则返回"假"。ok函数的处理如下:

1.BOOL ok(int x[],int k,BOOL c[][],int n)

2.{

3.   int i;

4.   for(i=0;i<k;i++){

5.   if(c[k][i]&&(x[k]==x[i]))

6.   return FALSE;

7.   return TRUE;

8.}

ok函数假定0~k~1顶点的着色是有效着色,在此基础上判断0~k顶点的着色是否有效。如果顶点k与顶点i是相邻接的顶点,0≤i≤k−1,而顶点k的颜色与顶点i的颜色相同,就是无效着色,即返回FALSE;否则返回TRUE。

有了ok函数之后,图的着色问题的算法可叙述如下:

算法7−1 用m种颜色为图着色。

输入:无向图的顶点个数n,颜色数m,图的邻接矩阵c[][]。

输出:n个顶点的着色x[]。

```
1.BOOL m_coloring(int n,int m,int x[],BOOL e[][])
2.{
3.   int i,k;
4.   for(i=0;i<n;i++)
5.    x[i]=0;          //解向量初始化为0
6.   k=0;
7.   while(k>=0){
8.    x[k]=x[k]+1;       //使当前的颜色数加1
9.    while((x[k]<=m)&&(! ok(x,k,c,n)))  //当前着色是否有效
10.   { x[k]=x[k]+i;     //无效,继续搜索下一颜色
11.     if(x[k]<=m)     //搜索成功
12.       if(k==n-1)break;  //是最后的顶点,完成搜索
13.       else k=k+1;     //不是,处理下一个顶点
14.     }
15.    else {        //搜索失败,回溯到前一个顶点
16.      x[]=0;k=k-1;
17.     }
18.    }
19.   if(k==n-1)return TRUE;
20.   else return FAISE;
21.}
```

算法中,用变量k来表示顶点的号码。开始时,所有顶点的颜色数都初始化为0。第6行把k赋予0,从编号为0的顶点开始进行着色。第7行开始的while循

环执行图的着色工作。第8行使第k个顶点的颜色数加1。第9行判断当前的颜色是否有效;如果无效,第10行继续搜索下一种颜色。如果搜索到一种有效的颜色,或已经搜索完m种颜色,都找不到有效的颜色,就退出这个内部循环。如果存在一种有效的颜色,则该颜色数必定小于或等于m,第11行判断这种情况。在此情况下,第12行进一步判断n个顶点是否全部着色,若是,则退出外部的while循环,结束搜索;否则,使变量k加1,为下一个顶点着色。如果不存在有效的着色,在第16行使第k个顶点的颜色数复位为0,使变量k减1,回溯到前一个顶点,把控制返回到外部while循环的顶部,从前一个顶点的当前颜色数继续进行搜索。

该算法的第4、5行的初始化花费$\theta(n)$时间。主要工作由一个二重循环组成,即第7行开始的外部while循环和第9行开始的内部while循环。因此,算法的运行时间与内部while循环的循环体的执行次数有关。每访问一个节点,该循环体就执行一次。状态空间树中的节点总数为

$$\sum_{i=0}^{n} m^i = (m^{n+1})/(m-1) = O(m^n)$$

同时,每访问一个节点,就调用一次ok函数计算约束方程。ok函数由一个循环组成,每执行一次循环体,就计算一次约束方程。循环体的执行次数与搜索深度有关,最少1次,最多n-1次。因此,每次ok函数计算约束方程的次数为$O(n)$。这样,理论上在最坏情况下,算法的总花费为$O(nm^n)$。但实际上,被访问的节点个数c是动态生成的,其总个数远远少于状态空间树的总节点数。这时,算法的总花费为$\theta(cn)$。

如果不考虑输入所占用的存储空间,则该算法需要用$\theta(n)$的空间来存放解向量。因此,算法所需要的空间为$\theta(n)$。

五、回溯法的效率分析

通过前面的具体实例的讨论容易看出,回溯算法的效率在很大程度上依赖于以下因素:

第一,产生x[k]的时间。

第二,满足显约束的x[k]值的个数。

第三,计算约束函数Constraint的时间。

第四,计算上界函数Bound的时间。

第五,满足约束函数和上界函数约束的所有x[k]的个数。

好的约束函数能显著减少所生成的节点数,但这样的约束函数往往计算量

较大。因此,在选择约束函数时通常存在着生成节点数与约束函数计算量之间的折中。通常可以用"重排原理"提高效率。对于许多问题而言,在搜索试探时选取x[i]值的顺序是任意的。在其他条件相当的前提下,让可取值最少的x[i]优先将较有效。由图7-8所示,关于同一问题的两棵不同解空间树,可以体会到这种策略的潜力。

在图7-8(a)中,若从第1层剪去1棵子树,则从所有应当考虑的三元组中一次消去12个三元组。对于图7-8(b),虽然同样是从第1层剪去1棵子树,却只从应当考虑的三元组中消去8个三元组。前者的效果明显比后者好。

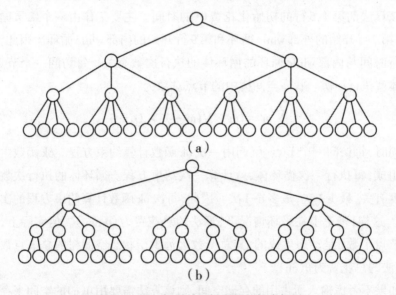

图7-8　同一问题的两棵不同的解空间树

解空间的结构一经选定,影响回溯法效率的前三个因素就可以确定,只剩下生成节点的数目是可变的,它将随问题的具体内容以及节点的不同生成方式而变动。即使同一问题的不同实例,回溯法所产生的节点数也会有很大变化。对于一个实例,回溯法可能只产生$O(n)$个节点。而对另一个非常相近的实例,回溯法可能就会产生解空间中所有节点。如果解空间的节点数是2^n或$n!$,在最坏情况下,回溯法的时间耗费一般为$O(p(n)2^n)$或$O(q(n)n!)$。其中,$p(n)$和$q(n)$均为n的多项式。对具体问题来说,回溯法的有效性往往体现在当问题实例的规模n较大时,它能用很少的时间求得问题的解。而对于问题的具体实例,又很难预测回溯法的算法行为,特别是很难估计出回溯法在解具体实例时所产生的节点数。这是在分析回溯法效率时遇到的主要困难。下面介绍一个概率方法,用于克服这一困难。

用回溯法解具体问题的实例时,可用概率方法估算回溯法将产生的节点数目。该方法的主要思想是在解空间树上产生一条随机的路径,然后沿此路径估算解空间树中满足约束条件的节点总数 m。设 x 是所产生的随机路径上的一个节点,且位于解空间树的第 i 层上。对于 x 的所有儿子节点,用约束函数检测出满足约束条件的节点数目 m_i。路径上的下一个节点从 x 的 m_i 个满足约束函数的儿子节点中随机选取。这条路径一直延伸到叶节点或者所有儿子节点都不满足约束条件的节点为止。通过 m_i 的值,可估算出解空间树中满足约束条件的节点总数 m。在用回溯法求问题的所有解时,这个数特别有用。因为在这种情况下,解空间中所有满足约束条件的节点都必须生成。若只要求用回溯法找出问题的一个解,则所生成的节点数一般只是 m 个满足约束条件的节点中的一小部分。此时,用 m 来估计回溯法生成的节点数就过于保守。

为了从 m_i 的值求出 m 的值,还需要对约束函数做一些假定。在估计 m 时,假定所有约束函数是静态的。也就是说,在回溯法执行过程中,约束函数并不随着算法所获得信息的多少而动态地改变。进一步假设解空间树中同一层的节点所用的约束函数相同。对于大多数的回溯法,这种假定太强。实际上,大多数回溯法中,约束函数随着搜索过程的深入而逐渐加强。这时,按假定估计 m 就显得保守。如果考虑约束函数的变化,所得出的满足约束条件的节点总数就要比估计的 m 少,而且也更精确。在静态约束函数的假设下,第 1 层有 m_0 个满足约束条件的节点。若解空间树的同一层节点具有相同的出度,则第 1 层上每个节点平均有 m_0 个儿子节点满足约束条件。因此,第 2 层有 m_0m_1 个满足约束条件的节点。同理,第 3 层上满足约束条件的节点个数为 $m_0m_1m_2$。以此类推,可知第 i+1 层上满足约束条件的节点个数为 $m_0m_1m_2\cdots m_i$。因此,对于给定的输入,随机产生解空间树上的一条路径,计算 $m_0, m_1, m_2, \cdots, m_i, \cdots$,可以估计出回溯法生成的节点总数 m 为 $m_0 + m_0m_1 + m_0m_1m_2 + \cdots$。

下面的 Estimate 算法就是依据上述思想来计算回溯法生成的节点总数 m。该算法从解空间树的根节点开始选取一条随机路径。其中 Choose 从集合 T 中随机选取一个元素。

```
int Estimate(int n, Type*x)
{ int m=1, r=1, k=1;
    while(k<=n){
```

SetType T=x[k]的满足约束的可取值集合；

if(Size(T)==0)return m；

r*=Size(T)；

m+=r；

x[k]=Choose(T)；

k++;}

return m；

}

用回溯法求解具体问题时,可用算法 Estimate 估算回溯法生成的节点数。要估计得更精确些,可选取若干不同的随机路径(通常不超过20条),分别对各随机路径估计节点总数,然后再取这些节点总数的平均值,得到 m 的估算值。

六、一般回溯方法

一般回溯算法,它可以作为一种系统的搜索方法应用到一类搜索问题当中,这类问题的解由满足事先定义好的某个约束的向量$(x_1, x_2, \cdots, x_i)$组成。这里 i 是 0 到 n 之间的某个整数,其中 n 是一个取决于问题阐述的常量。在已经提到的两种算法——三着色和八皇后问题中,i 是固定不变的。然而在一些问题中,i 可以像下面的例子展示的那样,对于不同的解可能有所不同。

例如考虑定义如下的 PARTITION 问题中的一个变形。给定一个 n 个整数的集合 $X = \{x_1, x_2, \cdots, x_n\}$ 和整数 y,找出和等于 y 的 X 的子集 Y。比如说,如果 X = {10,20,30,40,50,60},以及 y = 60,则有 3 种不同长度的解,它们分别是 {10,20,30}、{20,40} 和 {60}。

设计出一个回溯算法来求解这个问题并不困难。注意:这个问题可以用另一种方法明确表达,使得解是一种明显的长度为 n 的布尔向量,于是上面的三个解可以用布尔向量表示为 {1,1,1,0,0,0}、{0,1,0,1,0,0} 和 {0,0,0,0,0,1}。

在回溯法中,解向量中每个 n 都属于一个有限的线序集 X_i,因此,回溯算法按词典序考虑笛卡儿积 $X_1 \times X_2 \times \cdots \times X_n$ 中的元素。算法最初从空向量开始,然后选择 X_1 中最小的元素作为 x_1,如果 (x_1) 是一个部分解,算法通过从 X_2 中选择最小的元素作为 X_2 继续;如果 (X_2) 是一个部分解,那么就包括 X_3 中最小的元素,否则 x_2 被置为 X_2 中的下一个元素。一般地,假定算法已经检测到部分解为 $(x_1, x_2, \cdots, x_j)$,然后再去考虑向量 $v = (x_1, x_2, \cdots, x_j, x_{j+1})$,有下面的情况:

第一,如果 v 表示问题的最后解,算法记录下它作为一个解,在仅希望获得一个解时终止,或者继续去找出其他解。

第二,(向前步骤)如果 v 表示一个部分解,算法通过选择集合 X_{j+2} 的最小元素向前。

第三,如果 v 既不是最终的解,也不是部分解,则有两种子情况:①如果集合 X_{j+1} 中还有其他的元素可选择,算法将 x_{j+1} 置为 X_{j+1} 中的下一个元素。②(回溯步骤)如果集合 X_{j+1} 中没有更多的元素可选择,算法通过将 x_j 置为 X_j 中的下一个元素回溯,如果集合 X_j 中仍然没有其他的元素可以选择,算法通过将 x_{j-1} 置为 X_{j-1} 的下一个元素回溯,以此类推。

现在,用两个过程形式描述一般回溯算法:一个是递归(backrackrec)另一个是迭代(backrackrer)。

算法 7-2 backrackrec。

输入:集合 $X_1, X_2, \cdots, X_n$ 的清楚的或隐含的描述。

输出:解向量 $v=(x_1, x_2, \cdots, x_i)$,$0 \leqslant i \leqslant n$。

1. $v \leftarrow ()$

2. flag←else

3. advance(1)

4. if flag then output v

5. else output "no solution"

过程 advance(k)

1. for 每个 $x \in X_k$

2. $x_k \leftarrow x$;将 x_k 加入 v

3.   if v 为最终解 then set flag←true and exit

4.   else if v 是部分解 then advance(k+1)

5. end tor

算法 7-3:backrackrer。

输入:集合 X,X-,X.的清楚的或隐含的描述。

输出:解向量 $v=(x, x2, \cdots, X,)$,$0 \leqslant i \leqslant n$。

1. $v \leftarrow ()$

2. flag←else

3. $k \leftarrow 1$

4.while k≥1

5. while X$_k$ 没有被穷举

6. x$_k$←X$_k$中的下一个元素;将 x$_k$ 加入 v

7. if v 为最终解 then set flag←true,且从两个while循环退出

8. else if v是部分解 then k←k+1 {前进}

9. end while

10. 重置X$_k$,使得下一个元素排在第一位

11. k←k−1 {回溯}

12.end while

13.if flag then output v

14.else output"no solution"

通常,如果需要使用回溯法来搜索一个问题的解,可以使用这两个原型算法之一作为框架,围绕它设计出专门为具体问题而裁剪出的算法。

第二节　分支界限法

类似于回溯法,分支限界法也是一种在问题的解空间树 T 上搜索问题解的算法。但在一般情况下,分支限界法与回溯法的求解目标不同。回溯法的求解目标是找出 T 中满足约束条件的所有解,而分支限界法的求解目标则是找出满足约束条件的一个解或是在满足约束条件的解中找出使某一目标函数值达到极大或极小的解,即在某种意义下的最优解。

一、分支限界法的基本思想

分支限界法常以广度优先或以最小耗费(最大效益)优先的方式搜索问题的解空间树。在分支限界法中,每一个活节点只有一次机会成为扩展节点。活节点一旦成为扩展节点,就一次性产生其所有儿子节点。在这些儿子节点中,导致不可行解或导致非最优解的儿子节点被舍弃,其余儿子节点被加入活节点表中。此后,从活节点表中取下一节点成为当前扩展节点,并重复上述节点扩展过程。这个过程一直持续到找到所需的解或活节点表为空时为止。

所谓"分支"就是采用广度优先的策略,依次搜索扩展节点的所有分支,也

就是所有相邻节点,抛弃不满足约束条件的节点,其余节点加入活节点表。然后从表中选择一个节点作为下一个扩展节点,继续搜索。

选择下一个扩展节点的方式不同,则会有几种不同的分支搜索方式:

第一,队列式分支限界法。按照队列先进先出(FIFO)原则选取下一个节点为扩展节点。

第二,优先队列式分支限界法。按照优先队列中规定的优先级选取优先级最高的节点成为当前扩展节点。

分支限界法与回溯法的区别如下所述:

第一,求解目标不同。回溯法的求解目标是找出解空间树中满足约束条件的所有解,而分支限界法的求解目标则是找出满足约束条件的一个解或是在满足约束条件的解中找出在某种意义下的最优解。

第二,搜索方式不同。回溯法以深度优先的方式搜索解空间树,而分支限界法则以广度优先或以最小耗费优先的方式搜索解空间树。

分支限界法的搜索策略:在扩展节点处,先生成其所有的儿子节点(分支),然后再从当前的活节点表中选择下一个扩展对点。[①]为了有效地选择下一扩展节点,以加速搜索的进程,在每一个活节点处,计算一个函数值(限界),并根据这些已计算出的函数值,从当前活节点表中选择一个最有利的节点作为扩展节点,使搜索朝着解空间树上有最优解的分支推进,以便尽快地找出一个最优解。

下面以0/1背包问题为例介绍分支限界法的搜索过程。假设有4个物品,其质量分别为(4,7,5,3),价值分别为(40,42,25,12),背包容量 $W = 10$。首先,将给定物品按单位质量价值从大到小排序,结果如表7-1所示

表 7-1 0-1背包问题的价值/质量排序结果

物品	质量(w)	价值(v)	价值/质量(v•w^{-1})
1	4	40	10
2	7	42	6
3	5	25	5
4	3	12	4

①雷田颖,林子薇,何荣希. 软件定义数据中心网络基于分支界限法的多路径路由算法[J]. 小型微型计算机系统,2018,39(08):1713-1718.

这样,第1个物品价值质量比最大,最后一个物品的价值质量比最小。应用贪心算法求得近似解为$(1,0,0,0)$,获得的价值为40,这可以作为0-1背包问题的下界。如何求得0-1背包问题的一个合理的上界呢?考虑最好情况,背包中装入的全部是价值质量比最大的物品(即第一个物品)且可以将背包装满,则该背包问题实例的上界为$ub=W×(v_1/w_1)=10×10=100$。于是,得到了目标函数的界$[40,100]$。

一般情况下,解空间树中第i层的每个节点都代表了对物品$1\sim i$做出的某种特定选择,这个特定选择由从根节点到该节点的路径唯一确定:左分支表示装入物品,右分支表示不装入物品。对于第i层的某个节点,假设背包中已装入物品的质量是w,获得的价值是v,计算该节点的目标函数上界的一个简单方法是把已经装入背包中的物品取得的价值v,加上背包剩余容量$W-w$与剩下物品的最大单位质量价值v_{i+1}/w_{i+1}的积,于是,得到限界函数:

$$ub=u+(W-w)×(v_{i+1}/w_{i+1}) \tag{6-1}$$

分支限界法求解0-1背包问题,其搜索空间如图7-1所示,具体的搜索过程如下:

第一,在根节点1,表示背包中没有装入任何物品,因此,背包的质量和获得的价值均为0,根据限界函数计算节点1的目标函数值为$10×10=100$。

第二,在节点2,背包中包含物品1,此时背包的质量为4,获得的价值为40,目标函数值为$40+(10-4)×6=76$,将节点2加入待处理节点表PT中;在节点3,没有将物品1装入背包,因此,背包的质量和获得的价值仍为0,目标函数值为$10×6=60$,将节点3加入表PT中。

第三,在表PT中选取目标函数值取得极大的节点2优先进行搜索。

第四,在节点4,将物品2装入背包,因此,背包的质量为11,不满足约束条件,将节点4丢弃;在节点5,没有将物品2装入背包,因此,背包的质量和获得的价值与节点2相同,目标函数值为$40+(10-4)×5=70$,将节点5加入表PT中。

第五,在表PT中选取目标函数值取得极大的节点5优先进行搜索。

第六,在节点6,将物品3装入背包,因此,背包的质量为9,获得的价值为65,目标函数值为$65+(10-9)×4=69$,将节点6加入表PT中;在节点7,没有将物品3装入背包,因此,背包的质量和获得的价值与节点5相同,目标函数值为$40+(10-4)×4=64$,将节点6加入表PT中。

第七,在表PT中选取目标函数值取得极大的节点6优先进行搜索。

第八,在节点8,将物品4装入背包,因此,背包的质量为12,不满足约束条件,将节点8丢弃;在节点9,没有将物品4装入背包,因此,背包的质量和获得的价值与节点6相同,目标函数值为65。

第九,由于节点9是叶子节点,同时节点9的目标函数值是表PT中的极大值,所以,节点9对应的解即是问题的最优解,搜索结束,如图7-9所示。

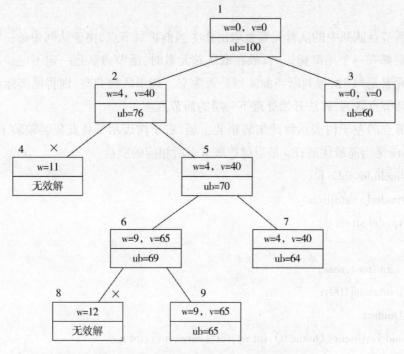

图 7-9　分支限界法求解0-1背包问题示例

注:×表示该节点被丢弃,节点上方的序号表示搜索顺序。

从0-1背包问题的搜索过程可以看出,与回溯法相比,分支限界法可以根据限界函数不断调整搜索方向,选择最有可能取得最优解的子树优先进行搜索,从而尽快找到问题的解。

二、装载问题

有一批集装箱要装上2艘载重量分别为C1和C2的轮船,其中,集装箱i的质量为W_i,且装载问题要求确定是否有一个合理的装载方案可将这批集装箱装上这两艘轮船。如果有,找出一种装载方案。

容易证明:如果一个给定装载问题有解,则采用下面的策略可得到最优装载方案:①先将第一艘轮船尽可能装满;②将剩余的集装箱装上第二艘轮船。

(一)队列式分支限界法求解

在算法的循环体中,首先检测当前扩展节点的左儿子节点是否为可行节点。如果是,则将其加入活节点队列中,然后将其右儿子节点加入活节点队列中(右儿子节点一定是可行节点)。2个儿子节点都产生后,当前扩展节点被舍弃。

活节点队列中的队首元素被取出作为当前扩展节点,由于队列中每一层节点之后都有一个尾部标记-1,故在取队首元素时,活节点队列一定不空。当取出的元素是-1时,再判断当前队列是否为空。如果队列非空,则将尾部标记-1加入活节点队列,算法开始处理下一层的活节点。

节点的左子树表示将此集装箱装上船,右子树表示不将此集装箱装上船。设bestw是当前最优解;Ew是当前扩展节点所相应的质量。

```
#include<stdio.h>
#include <stdlib.h>
typedef struct
{
    int front,rear;
    int data[100];
}Queue;
void EnQueue(Queue*Q,int wt,int*bestw,int i,int n)
{
    if(i==n)
    {
    if(wt>*bestw)
    *bestw=wt;
    }
    else
    {
    Q->data[Q->rear]=wt;
    Q->rear=(Q->rear+1)%100;
```

```
        }
    }
    int DeQueue(Queue*Q)
    {
        int p;
        p=Q->data[Q->front];
        Q->front=(Q->front+1)%100;
        return p;
    }
    int MaxLoading(int*w,int c,int n)
    {
        Queue Q;
        Q.front=Q.rear=0;
        Q.data[Q.rear]=-1;
        Q.rear=(Q.rear+1)%100;
        int i=1;
        int Ew=0,
        bestw=0;
        //搜索子集空间树
        while(true)
            {
            if(Ew+w[i]<=c)  //x[i]=1
            EnQueue(&Q,Ew+w[i],&bestw,i,n);
            //右儿子节点总是可行的
            EnQueue(&Q,Ew,&bestw,i,n);
            //取下一个扩展节点
            Ew=DeQueue(&Q);
            if(Ew==-1)  //同层节点尾部
                {
                if(Q.front==Q.rear)
                return bestw;
```

```
            Q.data[Q.rear]=-1;
            Q.rear=(Q.rear+1)%100;
            Ew=DeQueue(&Q);
            i++;
            }
        }
}
void main()
{
    int*w;
    int c;
    int n;
    printf("input n,c:");
    scanf("%d%d",&n,&c);
    w=new int[n];
    printf(" weight:");
    for(int i=1;i<=n;i++)
    scanf("%d",&w[i]);
    n=MaxLoading(w,c,n);
    printf("n=%d",n);
}
```

(二)算法的改进

可以对上述算法进行改进。设 bestw 是当前最优解，Ew 是当前扩展节点所相应的质量，r 是剩余集装箱的质量。则当 $Ew + r < bestw$ 时，可将其右子树剪去，因为此时若要船装最多集装箱，就应该把此箱装上船。另外，为了确保右子树成功剪枝，应该在算法每一次进入左子树的时候更新 bestw 的值。

改进后代码如下：

```
#include<stdio.h>
#include<stdlib.h>
typedef struct
```

```
{
    int front,rear;
    int data[100];
}Queue;
void EnQueue(Queue*Q,int wt,int*bestw,int i,int n)
{
    if(i==n)
    {
    if(wt>*bestw)
    *bestw=wt;
    }
    else
    {
    Q->data[Q->rear]=wt;
    Q->rear=(Q->rear+1)%100;
    }
}
int DeQueue(Queue*Q)
{
    int p;
    p=Q->data[Q->front];
    Q->front=(Q->front+1)%100;
    return p;
}
int MaxLoading(int*w,int c,int n)
{
    Queue Q;
    Q.front=Q.rear=0;
    Q.data[Q.rear]=-1;
    Q.rear=(Q.rear+1)%100;
      int i=1;
```

```
        int Ew=0,
        bestw=0;
        int r=0;
        for(int j=2;j<=n;j++)
        r=r+w [i];
        //搜索子集空间树
        while(true)
{

        int wt=Ew+w[i];
        if(Ew+w[i]<=c)   //x[i]=1
           {
           if(wt>bestw)bestw=wt;
           EnQueue(&Q,Ew+w[i],&bestw,i,n);
           }
//右儿子节点总是可行的
if(Ew+r>bestw)
EnQueue (&Q,Ew,&bestw,i,n);
//取下一个扩展节点
Ew=DeQueue(&Q);
if(Ew==-1)   //同层节点尾部
{
if(Q.front==Q.rear)
return bestw;
Q.data[Q.rear]=-1;
Q.rear=(Q.rear+1)%100;
Ew=DeQueue(&Q);
i++;
r-=w[i];
}
}
}
```

```
void main( )
{
int*w;
int c;
int n;
printf("input n,c:");
scanf("%d%d",&n,&c);
w=new int[n];
printf("weight:");
for(int i=1;i<=n;i++)
scanf("%d",&w[i]);
n=MaxLoading(w,c,n);
printf("n=%d",n);
}
```

(三)构造最优解

为了在算法结束后能方便地构造出与最优值相应的最优解,算法必须存储相应子集树中从活节点到根节点的路径。为此目的,可在每个节点处设置指向其父节点的指针,并设置左、右儿子标志。

找到最优值后,可以根据 parent 回溯到根节点,找到最优解。具体代码如下:

```
#include<stdio.h>
#include<stdlib.h>
typedef struct node
{
    int LChild;
    int weight;
    struct node*parent;
}Node;
typedef struct
{
    int front,rear;
```

```
        Node*data[200];
    }Queue;
    void EnQueue(Queue*Q,int wt,int i,int n,int bestw,Node*E,Node**bestE,
int*bestx,int ch)
    {
        if(i==n)
        {
            if(wt==bestw)
            {
            (*bestE)=E;
            bestx[n]=ch;
            }
            return;
        }
        Else
        {
        if((Q->rear+1)%100==Q->front)
            {
            printf("duilieman");
            getchar();
            }
        Node*b;
        b=new Node;
        b->weight=wt;
        b->parent=E;
        b->LChild=ch;
        Q->data[Q->rear]=b;
        Q->rear=(Q->rear+1)%100;
            }
    }
    Node*DeQueue(Queue*Q)
```

```
{
  if(Q->front==Q->rear)
  {
    printf("kong dui lie");
    getchar();
  }
  Node*p=Q->data[Q->front];
  Q->front=(Q->front+1)%100;
  return p;
}
int MaxLoading(int*w,int c,int n,int*bestx)
{
  Queue Q;
  Q.front=Q.rear=0;
  Node*p;
  p=new Node;
  p->weight=-1;
  Q.data[Q.rear]=p;
  Q.rear=(Q.rear+1)%100;
  int i=1;
  int Ew=0,
  bestw=0;
  int r=O;
  for(int j=2;j<=n;j++)
  r=r+w[j];
  Node*E,*bestE;
  E=(Node*)malloc(sizeof(Node));
  bestE=(Node*)malloc(sizeof(Node));
  //搜索子集空间树
  while(true)
  {
```

```
        int wt=Ew+w[i];
        if(Ew+w[i]<=c)    //x[i]=1
        {
            if(wt>bestw)bestw=wt;
            EnQueue(&Q,Ew+w[i],i,n,bestw,E,&bestE,bestx,1);
        }
        //右儿子节点总是可行的
        if(Ew+r>bestw)
        EnQueue(&Q,Ew,i,n,bestw,E,&bestE,bestx,0);
        //取下一个扩展节点
        E=DeQueue(&Q);
        if(E->weight==-1)    //同层节点尾部
        {
        if(Q.rear==Q.front)
        break;
        Node*m;
        m=new Node;
        m->weight=-1;
        Q.data[Q.rear]=m;
        Q.rear=(Q.rear+1)%100;
        E=DeQueue(&Q);
        i++;
        r-=w[i];
        }
      Ew=E->weight;
      }
for(j=n-1;j>0;j--)
{
bestx[j]=bestE->LChild;
bestE=bestE->parent;
}
```

```
        return bestw;
}
void main()
{
int*w;
int c;
int n;
int weight;
int*bestx;
printf("input n,c:");
scanf("%d%d",&n,&c);
w=new int[n];
bestx=new int[n];
printf("weight:");
for(int i=1;i<=n;i++)
scanf("%d",&w[i]);
weight=MaxLoading(w,c,n,bestx);
printf("weight=%d",weight);
printf("bestx is:");
for(i=1;i<=n;i++)
printf("%d",bestx[i]);
}
```

三、布线问题

印刷电路板将布线区域划分成 n×m 个方格,如图 7-10(a) 所示。精确的电路布线问题要求确定连接方格 a 的中点到方格 b 的中点的最短布线方案。在布线时,电路只能沿直线或直角布线,如图 7-10(b) 所示。为了避免线路相交,已布了线的方格做了封锁标记,其他线路不允许穿过被封锁的方格。

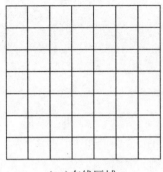 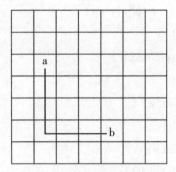

（a）布线区域　　　　　　　　　（b）沿直线或直角布线

图 7-10　印刷电路板布线方格阵列

图7-11给出一个布线的例子,图中包含障碍。起始点为a,目标点为b。

3	2					
2	1					
1	a	1				
2	1	2			b	
	2	3	4		8	
			5	6	7	8
			6	7	8	

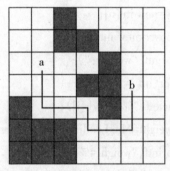

（a）标记距离　　　　　　　　　（b）最短布线路径

图 7-11　布线的实例

解此问题的队列式分支限界法从起始位置a开始将它作为第一个扩展节点。与该扩展节点相邻并且可达的方格成为可行节点被加入活节点队列中,并且将这些方格标记为1,即从起始方格a到这些方格的距离为1。

接着,算法从活节点队列中取出队首节点作为下一个扩展节点,并将与当前扩展节点相邻且未标记过的方格标记为2,并存入活节点队列。这个过程一直持续到算法搜索到目标方格b或活节点队列为空时为止。

```
#include"stdafx.h"
#include"Queue.h"
#include<fstream>
#include<iostream>
using namespace std;
```

```
if stream fin("input.txt");
const int n=7;
const int m=7;
int grid[n+2][m+2];
struct Position
{
    int row;
    int col;
};
bool FindPath(Position start,Position finish,int&PathLen,Position*&path);
int main()
{
    int PathLen;
    Position start,finish,*path;
    Start.row=3;
    Start.col=2;
    Finish.row=4;
    Finish.col=6;
    cout<<"布线起点"<<endl;
    cout<<start.col<<" "<<start.row<<endl;cout<<"布线结束点"<<endl;
    cout<<finish.col<<" "<<finish.row<<endl;
    cout<<"布线方格阵列如下(0表示允许布线,1表示不允许布线):"<<endl;
    for(int i=1;i<=m;i++)
    {
        for(int j=1;j<=n;j++)
        {
        fin>>grid[i][j];
        cout<<grid[i][j]<<" ";
        }
    cout<<endl;
    }
```

```
    FindPath(start,finish,PathLen,path);
    cout<<"布线长度为:"<<PathLen<<endl;
    cout<<"布线路径如下:"<<endl;
    for(int i=0;i<PathLen;i++)
    {
        cout<<path[i].col<<" "<<path[i].row<<endl;
    }
return 0;
}
bool FindPath(Position start,Position finish,int&PathLen,Position*&path)
{
    //计算从起始位置start到目标位置finish的最短布线路径
    if((start.row==finish.row)&&(start.col==finish.col))
    {
        PathLen=0;
        return true;
    }
    //设置方格阵列"围墙"
    for(int i=0;i<=m+1;i++)
    {
    grid[0][i]=grid[n+1][i]=1;//顶部和底部
    }
    for(int i=0;i<=n+1;i++)
    {
    grid[i][0]=grid[i][m+1]=1;//左翼和右翼
    }
    //初始化相对位移
    Positionoffset[4];
    offset[0].row=0;
    offset[0].col=1;//右
    offset[1].row=1;
```

```
offset[1].col=0;//下
offset[2].row=0;
offset[2].col=-1;//左
offset[3].row=-1;
offset[3].col=0;//上
int NumOfNbrs=4;//相邻方格数
Position here,nbr;
Here.row=start.row;
Here.col=start.col;
grid[start.row][start.col]=2;//标记可达方格位置
Queue<Position>Q;
do{//标记相邻可达方格
for(int i=0;i<NumOfNbrs;i++)
{
   nbr.row=here.row+offset[i].row;
   nbr.col=here.col+offset[i].col;
   if(grid[nbr.row][nbr.col]==0)//该方格未被标记
   {
       grid[nbr.row][nbr.col]=grid[here.row][here.col]+1;
       if((nbr.row==finish.row)&&(nbr.col==finish.col))
       {
       break;//完成布线
       }
   Q.Add(nbr);
   }
//是否到达目标位置finish?
if((nbr.row==finish.row)&&(nbr.col==finish.col))
{
break;//完成布线
}
//活节点队列是否非空?
```

```
    if(Q.IsEmpty())
    {
    return false;//无解
    }
    Q.Delete(here);//取下一个扩展节点
}while(true);
//构造最短布线路径
PathLen=grid[finish.row][finish.col]-2;
path=new Position[PathLen];//从目标位置finish开始向起始位置回溯
here=finish;
for(int j=PathLen-1;j>=0;j--)
{
    path[j]=here;//找前驱位置
    for(int i=0;i<NumOfNbrs;i++)
{
    nbr.row=here.row+offset[i].row;
    nbr.col=here.col+offset[i].col;
    if(grid[nbr.row][nbr.col]==j+2)
}
break;
}
    here=nbr;//向前移动
  }
return true;
  }
```

四、0-1背包问题

0-1背包问题可描述为n个物体和一个背包。对物体i,其价值为v,质量为u,背包的容量为W,如何选取物品装入背包,使背包中所装入的物品总价值最大?

用优先队列式分支限界法解决0-1背包问题的算法思想。

第一,分支限界法常以广度优先或最小耗费优先(最大效益优先)方式搜索问题的解空间树,对于0-1背包问题的解空间树是一个子集树。

第二,在分支限界法中有一个活节点表,活节点表中的每个活节点只有一次机会成为扩展节点,一旦成为扩展节点就一次性产生所有儿子节点,在这些儿子节点中,导致不可行解或导致非最优解的儿子节点被舍弃,其余儿子节点被加入活节点表中。对于0-1背包问题中的每个活节点只有两个儿子节点,分别表示对物品i的选取和对物品i的舍去;在判断儿子节点是否能加入活节点表中,有两个函数需要满足,第一个函数称为约束函数,判断能否满足背包容量约束,第二个函数称为限界函数,判断是否可能有最优解。

第三,为了尽快找到0-1背包问题的解,每次选取下一个活节点成为扩展节点的判断依据是当前情况下最有可能找到最优解的下一个节点。因此,每次选择扩展节点的方法:当前情况下,在活节点表中选择活节点的上界uprofit(通过限界函数Bound求出)最大的活节点成为当前的扩展节点。这一过程一直持续到找到所需的解或活节点表为空时为止。这个过程体现出分支限界法以“最大效益优先”方式进行。

第四,为了在活节点表中选择拥有最大的上界uprofit的活节点,在活节点表上实现优先队列。

第五,通过上述第三点可以求出0-1背包问题的最优值。为了求出0-1背包问题的最优解,对于每一个在活节点表中的活节点创建一个树节点,树节点需要反映该节点的父节点和是否有左孩子(有左孩子表示物品i被选取,没有左孩子表示物品i被舍去)。因此,可以构造一棵子集树,最优解就是从树根到叶子节点的路径,子集树的第i层的所有节点就是在不同情况下对物品i的取舍节点。构造最优解的顺序是从叶子节点到根节点的过程。

从上述算法思想中得出必须解决的问题:

第一,优先队列式的活节点表。

第二,活节点表对应的子集树。

算法涉及的函数功能如下:

第一,建立一个最大堆,初始化最大堆,在最大堆中插入一个元素和在最大堆中取出最大元素。

第二,求解0-1背包问题的主函数Knapsack。

第三,向子集树和最大堆中插入节点函数AddLiveNode。

第四,计算节点价值上界函数 Bound,为了方便,需要对物品以单位价值量排序。

第五,负责求解0-1背包问题的最优值和最优解函数 MaxKnapsack。

算法涉及的类如下所述:

第一,树节点类,用于构造子集树,以便计算最优解。

第二,堆节点类,用于定义堆元素类型,便于 MaxKnapsack 函数使用。

第三,最大堆类,用于实现优先队列。

第四,物品类,用于保存物品编号和物品的单位质量价值。

第五,解决0-1背包问题的主类。

五、最大团问题

给定一个无向图 G=(V,E),其中 V 代表顶点集合,E 代表边的集合。如果 U 是 V 的子集,且对于 U 中任意两个顶点 u 和 v 都是相连的,即(u,v)属于 E,则称顶点子集 U 是图 G 的完全子图或者 G 的图。显然最大团就是指满足上述条件且含有顶点数最多的团。

分支限界法通常以广度优先或以最小耗费优先的方案搜索问题的解空间树。最大团问题的解空间树是一棵子集树。当我们访问解空间树的一个顶点 u 时,假设 cn 表示 u 所在的团的顶点数,t 表示顶点 u 在解空间树种的层次,除此之外,每个顶点还有一个上界 un 表示最大团顶点数的上界,其中 $un = cn + n - t$(n 表示无向图中顶点总数)。在此优先队列式分枝限界算法中,un 实际上也是优先队列(最大堆)中元素的优先级。算法总是从活节点优先队列中抽取具有最大 un 值的元素作为下一个扩展元素,因为 un 越大最后找到的团顶点数可能就越多,这就是分支限界法中的限界思想。

分支限界法解决最大团问题的算法思想如下:

第一,假设解空间树已经生成了。

第二,解空间树的根节点是初始扩展节点,对于这个特殊的扩展节点,其 cn 值为0(表示当前团顶点数为0)。

第三,考察其左儿子节点。在左儿子节点处,将顶点 u 加入当前团中,并检查该顶点与当前团中其他顶点之间是否有边相连。当顶点 u 与当前团中所有顶点之间都有边相连,则相应的左儿子节点是可行节点,将它加入解空间树中并插入活节点优先队列,否则就不是可行节点。

第四,接着继续考察当前扩展节点的右儿子节点。当un>best n(best n表示已经寻找到的团的顶点数,初始值为0)时,右子树中可能含有最优解,此时将右儿子节点加入解空间树中并插入到活节点优先队列中。

第五,继续上述第三和第四步骤直到搜索完整个解空间,算法结束。

第六,搜索过程中通过上界un值来截枝,以避免访问不必要的节点。

第八章 随机算法与概率算法

第一节 随机算法

在过去十几年中,随机算法领域有了长足进展,随机算法从一个计数理论的工具发展成为在许多类型的算法中得到广泛应用的工具。对于许多应用来说,随机算法是能够找到的最简单或最快速的算法,或者两者得兼。在形形色色的随机算法中蕴含着几个一般性原理,我们通过阐述这些基本原理并说明其应用来介绍随机算法的研究方法。

一、随机算法的一般性原理

所谓随机算法(Randomized algorithm),就是在执行过程中要做出随机选择的算法。随机算法有两种不同类型:一是总能给出正确解的算法,两次运行之间唯一的区别是运行时间不同,这种随机算法叫作 Las Vegas 算法;二是有时会产生不正确解的算法,然而我们能够界定产生不正确解的概率,我们把这种随机算法叫作 MonteCarlo 算法。这两种算法哪种更好些,要看它应用于哪类问题,Las Vegas 算法可以看成是 MonteCarlo 算法在错误的概率为零时的情况。

随机算法有两个优势:简单和快速。我们研究随机算法,除了对它的研究能带来新的方法和新的思想外,另一个重要原因是它与算法复杂性的关系。在解答 P 类问题的算法分析方面,讨论算法的时间复杂性估计,已经取得若干令人信服的结果。但对于 NP 难解问题,仍然没有取得实质性进展。在这种背景下,研究解答 NP 难解问题的近似算法就引起了人们极大的兴趣。但是,对近似算法近似性能比的估计要求对所解答问题的所有实例都成立,就显得太苛刻。致使在 P≠NP 假设下,若干 NP 难解问题找不出其近似性能比有界的近似算法,如货郎担优化问题。即使有些 NP 难解问题存在近似性能比有界的算法,但这种上界也似乎太大了些,如图的着色问题。针对这种情况,Karp 试图预先假定问题实例,在实例空间中服从某种概率分布,设计出解答若干 NP 难解问题的概率算法。概率算法有两种思路：一是算法为确定型算法，解答问题的实例服从某种概率分布。可分析算法的期望时间复杂性或在概率为1(几乎处处)的条件下，给出解答问题的精确解或近似解。二是求解问题的实例空间是确定的，而将随机语句引入算法，这就是通常讲的随机算法。Karp的思想引起了研究算法的人们对随机性的兴趣。

众所周知，许多NP问题的真正难度在于我们不能找出其构造中一致性的东西。换句话说，它们的构造太乱以至于不能清晰准确地对它们进行刻画，按照经典的基于清晰的离散结构算法理论自然找不到解决问题的好算法。此时，随机算法退而求其次，不考虑最坏情况下的时间耗费，而考虑其平均时间耗费，寻找一个在大多数情况下是个好算法的解决途径，尽管它可能不是绝对好的，但是比对问题无法估计要好得多。

在许多应用中，随机算法是能找到的最简单的或最快的算法，或者二者得兼。本节陈述了随机算法遵循的一般原则，并且举例说明随机算法研究问题的思路及研究现状。

(一)挫败反例

对于一个确定性算法，当对它进行绝对行为的复杂性分析无意义时，最常见的方法是寻找一个反例(Adversary)，以使算法的性能最坏。该方式可以找出算法运行时间的下界。对于同一个问题的不同算法来说，这些反例一般是不同的。这样就可以将这些不同的算法组合起来，根据输入选取执行的算法，以使性能达到最佳。实际上，一个随机算法可以看作在一个确定性算法的集合上的概率分布，这样，尽管一个反例可以"挫败"一部分确定性算法，但它无法总是"挫败"一个随机选取的算法。设计一个输入能证明一个随机选择的算法不好是很困难的，正如举出反例证明命题不正确一样困难。但是这个方法重在强调"任意"随机算法的成功性。例如，对于n个叶节点的正则与或树的求值问题，总能找到一个反例，使计算它的确定性算法需要读取所有n个叶节点。然而，一个简单的随机算法可以对任何一个输入只读取平均$O(n^{0.794})$个叶节点。

(二)随机抽样

关于来自全域的随机样本是全域作为一个整体的代表的观点贯穿随机算法的始终。在选择算法、数据结构、图算法及近似计数中，都有一个合适的随机抽样来代表被研究的总体。

(三)提供丰富的证明方法

通常,我们要求一个算法能确定是否一个输入具有某种特征,如"x是素数吗?"算法总是通过找到一个证明x确实具有该特征来确定。对于许多问题,确定性证明的困难在于要搜索一个巨大的无法穷尽的空间。然而,通过建立一个包含大量证明的空间,可以从这个空间中随机地选择一个元素来满足需要。随机选择的项目本身就是一个证明,更进一步说,过程的独立重复减少了证明不存在于任何重复过程中的概率。最有说服力的例子是M.O.Rabin在这方面做出的开创性工作,Rabin应用随机算法解答了合数判定问题。

(四)指纹和Hash技术

一个长串可以由一个使用随机映射得出的短"指纹"(Fingerprinting)代表。在模式匹配的某些应用中可以看到,如果两个长串的"指纹"相同,那么这两个长串就几乎是相同的。对比短的指纹比对比原来两个长串本身要快得多,这也是Hash技术隐含的观点。当一个大域中取出的元素组成一个小集合S,且被映射成一个更小的域,并且保证S中不同的元素有不同的像,这给出一个决定S中成员的有效方法,并且在产生伪随机数和复杂性理论中有进一步的应用。

(五)随机重组

对于一些问题,输入的顺序决定了算法的性能。在计算之前对输入进行随机重组往往可以改善算法的性能,如快速排序算法。随机重组的技术在求解数据结构和计算几何问题时尤为有效,例如在计算平面上n个点凸包时,一般的确定性算法一次处理一个点,总存在一个反例使其需要$\Omega(n^2)$的计算时间,而对这些点进行随机重组后,运行时间可以降到$O(n\log n)$。

(六)负载平衡

对于在多种资源之间进行选择的问题,例如多个处理器网络中的通信链路,随机性可以用来在资源之间分散负载。这种思想在并行或分布环境中特别有效。在该环境中,资源利用由当地大量站点的状况决定,而不用考虑这些决定对整个网络的影响。例如,n个节点的蝶形网络上的路由问题,任何确定性算法都需要$O\left(\sqrt{n}\right)$步,然而在Valiant的研究基础上,Aleliunas和Upfal各自提出了一个使用$O(\log n)$步以较大概率求解的随机算法。

(七)快速混合Markov链

在运筹学与计算机科学中,某些算法以如下方式进行:目标是要决定N个有序元素中的最优者,算法以其中一个元素开始,而后逐次移动到更好的元素,直到到达最优者为止(最重要的例子可能是线性规划的单纯形算法,该算法试图要求一个受线性约束条件的线性函数的最大值,此时一个元素对应于可行区域的一个端点)。如果从"最差的情况"的角度考察算法的效率,那么一般都能构造出大致需N-1步才到达最优元素的例子。在随机算法中,我们经常用到Markov链,因为它能从任何状态等可能地进入任一更好的状态。

计数问题常常要求统计具备一定性质的组合物体的个数。当空间很大时,可以使用MonteCarlo方法对整个空间进行抽样,然而寻找一个均匀的抽样方法往往非常困难。一种解决办法是在物体空间上定义一个Markov链,并证明在该链上的随机行走将是空间的一个均匀抽样。这种思想是统计物理中使用的一系列算法的核心。1989年,Jerrurn和Sinclair提出的对途中完备匹配个数进行估计的算法也基于该思想。简单地说,就是在某些情况下,抽样可以通过定义在全域元素上的Markov链实现,使用Markov链得到的一个短的随机步长也能均匀地代表全域。

(八)孤立和破对称技术

在分布式系统中,某些处理器经常需要打破"死锁"状态,从而达到一致。随机算法还是一个避免死锁的强大工具。在并行计算中,当解决一个有许多可行解法的问题时,确保不同的处理器都在协同努力寻找同一个问题的解是十分重要的。这就需要在不考虑任何解空间的单个元素的前提下把一个特殊的解从所有可行解中孤立出来。一种办法就是对解空间进行随机的排序,然后让处理器总是去寻找序号最小的解。我们以选择协作(choice coordination)问题为例。

在并行和分布计算中经常出现的问题之一是要打破一个可行解集合的对称性,这可以通过随机算法来实现。我们使用下述处理器之间通信的简单模型:有m个登记表可被这n个处理器读写,几个处理器可能几乎同时地试图读写或修改一个登记表。为解决这种冲突,我们假设处理器使用一个加锁机制,当某几个处理器试图存取登记表而有一个处理器唯一地获得了存取权限时它将加锁,其他的处理器要等到锁被释放后才能再次为存取登记表而竞争。所有这些处理器要运行一个策略,以便在m个表中做一个选择,策略运行到最后,m个登记表中的每一个含有一个特殊符号。一个选择协作问题的复杂性可用n个处理器的总的读写步数来衡量。为了显示随机算法的重要贡献,我们给出一个随机策略,对任意c>0,它将以至少$1-2^{\Omega(c)}$的成功概率在c步内解决冲突问题。

(九)概率方法和存在性证明

用概率方法证明具有一定特性的组合物体的存在性往往基于这样的思想:如果随机选取的物体具有该特性的概率大于0,则具有该特性的物体存在。通过论证一个随机选择的对象在正概率下有某些特性,可以建立对象具有该特性的存在性证明。这样的论证仅仅证明存在性,却并不能给出寻找这样一个对象的办法。有时,我们用这种方法来说明解决某个难题的算法确实存在,尽管知道算法存在,但不知算法是什么样的,也不知道如何去构造算法,这就引出算法中非一致性(Non-uniformity)的观点。综上所述,随机算法是从概率的观点而不是分析的观点去考察处理问题的过程,这种新工具的引入使得算法设计与分析重新呈现出勃勃生机。

早期的算法研究多半浅显易懂,富于技巧,以至于有些算法设计可作为中学的数学竞赛题。随机算法带来了一些意义深远的转变,这些转变的标志是一些抽象方法的引进和一些完全不平庸结果的出现。我们不必为这一转变担忧,因为这不是经典算法分析丧失其作用,而是因新工具的注入而正变得更加有前途。随机算法带来的好的结果揭示了好的算法分析与设计不仅存在,而且比人们的想象要复杂得多,算法分析本身就是在设计算法。换个角度来看,把随机性引入算法,实质上是把经典数学应用于离散数学。这种各分支的相互交叉,可能代表着数学发展的一个最重要趋势,计算机科学界可以通过获取诸多数学分支中的有力工具而使算法领域变得更加壮大。

二、应用

(一)将随机算法应用于理论证明

给定正整数n,询问是否存在两个大于1的正整数l、m,使得n = l×m。这个问题的补问题为素数判定问题。Rabin设计出了判定n是否为合数的随机算法。合数判定随机算法为:

```
1.For i = 1 to m do
  begin
2.b = Random[1,2,…,n－1]      //从{1,2,…,n－1}中随机取一个数//
3.If W(b)then return " YES "
  end
```

4.return " NO "

其中,n 为自然数,$1 \leqslant b < n$,W(b) 表示下述条件之一:①$b^{n-1} \neq 1(\bmod n)$;

②存在 $i\left[\dfrac{(n-i)}{2^i} = m, m \text{为整数且} 1 < \gcd(b^m - 1, n) < n\right]$。

对于任给的 $\varepsilon > 0$,合数判定随机算法以置信度$(1 - \varepsilon)$解答合数判定问题。注意到当 n 为素数时,算法能以置信度 1 做出正确回答,只有当 n 为合数时,算法将 n 错误地判定为素数的概率仅为 1/2。Rabin 对这个合数判定随机算法做了实验。令 $m = 10$,因而取 $\varepsilon < 10^{-3}$,然后对小于等于 500 的素数 P 做了 $2^p - 1$ 的素数性实验,与现有素数表对照,没有一个错误,而整个实验仅花了几分钟。Rabin 还采用这个随机算法去测试尚未确定是否为素数的任意数。他采用从 2.9 逐次减 1 的方法,在一分钟内,判定 $200^{400} - 593$ 为素数,重复次数 $m = 100$,因而错判率小于 10^{-30}。若用通常的循环除法判定这个数的素数性,大约需要进行 10^{60} 次除法,即使使用亿次计算机,也要进行 3×10^{44} 亿年才能完成这个实验。

虽然合数判定随机算法要比现有的确定性算法快得多,但很遗憾,至今无法证明它比所有其他确定性合数判定算法快。Rabin 等人的这些研究工作使人们对随机算法寄予了很大希望。

(二)隐含的 Markov 模型

在说话过程中,音素是有意义的声音的基本组成部分,它们根据定义互不相同,但自身并非不可改变。当一个人发出声音时,可认为与他从前的声音是相似的,但不完全相同。

一个音素的声音被它邻近的声音所修饰和限制,而邻近的声音永远是在变化的。

计算机发音的问题在于如何为这种变化数学化地建模。开始可以把音素分成三种可以听得见的状态:一个引导状态,从前面的音素进入的状态;一个中间状态;一个存在状态,进入下一个音素的状态。这个状态链以及在状态之间转换让我们回忆起 Markov 链,更确切地说,前者是后者的产物,是隐含的 Markov 模型。

一个 Markov 链由一些状态构成,通过一些可能的转换链接,与每一个转换相关的是一个概率,与每一个状态相关的是它输出的一个符号。

现在,给出一个由 Markov 链产生的输出符号的序列,可能会完整、明确地推导出相应的状态序列,对每一个状态所提供的输出符号是唯一的。例如,符号序列 BAACBBACCCA 可在状态序列中进行转换而生成:21132213331。

一个隐含的 Markov 模型(HMM)是与 Markov 链相同的,除了输出符号和转换都是概率的之外,每个状态不再只有一个输出符号,在一个 HMM 中,每个状态输出所有的符号都是可能的,而且每个符号有它自己存在的可能。因此,与每个状态相关的是所有输出符号上的一个概率分布。

进一步,可能有任意数量的输出符号,每个 HMM 状态可以有一个输出符号的集合,每个集合有它自己的概率分布,称作输出概率(如果输出符号的离散量被一个连续取值的向量代替,那么可以在所有随机输出向量的可能值上定义一个概率密度函数,这在后面将会讲述)。

由一个 HMM 输出的符号序列不能毫不含糊地返回,任何一个状态序列作为符号序列有相同长度都是可能的,每一个状态序列有不同的概率。状态序列相对观察者被叫作"隐藏的",而观察者只见到输出符号序列,这就是该模型称作隐含的 Markov 模型的原因。

你也许对状态序列感兴趣,因为它生成了给定的符号序列,这是语言识别问题。寻找答案需要一个搜索过程,一般地,需查看所有可能的状态序列并计算其概率。这个工作量很大,但是可能有结果。HMM 的 Markov 性质(即一个状态的概率只依赖于前一个状态)承认使用 Viterbj 算法,它能找到看起来最可能生成给定符号序列的状态序列,而不用搜索所有可能的序列。

通常地,每个语音有一个相关的上下文 HMM。同样一般地,所有这种模型有相同结构,但可通过它们的转移和输出概率来加以区别(语音识别技术中一个很大的优点是发展了较好的方法使 HMM 对高维向量空间的输出概率密度建模,最常用的方法是对高维的高斯密度值求和)。

在最后的情况中并非所有转换都是允许的,没有出现的转换有一个零概率。例如,在语言中,时间只向前流动,这样允许转换从左向右但不能从右向左。以从任何状态转换并返回自身模型有瞬时变化能力对语言来说是必需的,因为语音和词的不同的持续性完全依赖于不同的时间记录。从状态 1 向状态 2 的转换显示被建模的最短音素是两帧,或 20 ms 长,这样一个音素将只占用状态 1 的一帧和状态 3 的一帧。人们需要三个状态的一种解释通常是它们大体上符合音素的左、中、右三部分(如果需要更多状态,就得有更多训练数据来估计它们的参数的可靠性)。

(三)救护车系统的两个在线算法

在一个测量空间 M 内,救护车系统由紧急救护中心的集合 $S = \{s_1, s_2, \cdots, s_m\}$ 组成,每一个急救中心 s_i 有一个正的权值 c_i,例如 c_i 可以是该中心救护车的数量。在不同的时刻 t_i,最多可以有 $n = \sum_{i=1}^{m} c_i$ 个病人需要救护车,每一个病人能够等待救护车的最长时间为 b_j。在线算法 A 决定由哪一个救护中心派出救护车去服务在某时刻来自某个病人的要车请求。如果算法 A 为一个病人 r_j 派出 s_i 的一辆救护车,那么,必须满足 $\frac{d_{i,j}}{v}$,其中 $d_{i,j}$ 是急救中心 s_i 与病人 r_j 之间的距离,v 是救护车的速度。算法 A 的一种出错情况是,在某时刻 $t_j (j \leq n)$ 对于任意一个 i,满足 $\frac{d_{i,j}}{v} < b_j$ 的救护中心 s_i 处没有救护车。算法 A 的耗费(cost)是 A 出错的次数。我们将给出两种算法 B 和 C,B 是局部贪心算法,C 是一个变形的平衡耗费算法。

1.基本概念

在线算法(Online algorithm)是解决在线问题的算法,在这样的问题到来前你一无所知,而离线算法(Offline algorithm)是给定了关于某问题的全部说明后才决定做什么的算法。在线算法遍及计算机科学和我们的日常生活,例如在港口装载和卸载货物、管理 Internet 中的信息流等。

经典的在线问题有三个:页面置换问题,k 个服务员问题和测量任务系统。这三个在线问题互不相同。

由于随机算法的不确定性,必须使用新的方法对其进行评价。我们通常用竞争分析(Competitive analysis)来分析在线算法。令 $\text{cost}_A(\sigma)$ 表示在线算法 A 在一个输入的任务队列 σ 下的耗费。如果 σ 是页面置换问题中被请求的页面序列,那么 $\text{cost}_A(\sigma)$ 就是由 A 导致的出错页面的数目。我们使用 OPT 表示离线优化算法,而 $\text{cost}_{opt}(\sigma)$ 是在 σ 下的 OPT 的耗费。一个在线算法 A 对某常数 c 是 c-竞争的,如果存在一个常数 b,使得对于每一个任务队列 σ 有

$$\text{cost}_A(\sigma) \leq c \times \text{cost}_{OPT}(\sigma) + b$$

A 的竞争比率(competitive ratio)是当 A 是 c_A-竞争的 c_A 的最小值。如果一个在线算法 A 是强竞争的,则它对于一个问题达到了最好的可能竞争比率。

A 的竞争比率(competitive ratio)是当 A 是 c_A 竞争的 c_n 的最小值。一个在线算法 A 是强竞争的,则它对于一个问题达到了最好的可能竞争比率。

有四种在线算法:贪心算法,平衡耗费法,强迫对手增加耗费,以及在线算

法的在线选择。

Manasse、McGeoch 和 Sleator 证明了有 k+1 个点的测量任务系统的在线算法 Balance 的竞争比率≤k。Irani 和 Rubinfeld 证明了平衡算法的一种特殊情况 2-服务员问题是 10-竞争的。Kalyanasundaram 和 Pruhs 证明了在线最小权匹配算法 Per muutation 是 $(2k-1)$-竞争的,其中 2k 是节点的数目。Koutsoupias 和 Papadimitriou 证明了测量任务系统的工作函数(Work function)算法是 $(2k-1)$-竞争的。证明的基本方法是使用明显的反例和自适应反例。一个反例能够生成一个任务队列 σ,它使得一个给定的在线算法耗费增加而相应的 OPT 的耗费几乎不增加。

本节定义的救护车系统是 k 个服务员问题的一种变形,我们用来自真实生活背景的自然耗费来定义救护车系统中的耗费。然后给出两种算法,一种是局部贪心算法,另一种是平衡耗费算法。我们将证明这两种算法都不存在有界的竞争比率,但是对于没有优化错误的队列,平衡耗费算法比局部贪心算法要好得多。

2. 算法 B 及其竞争分析

首先考虑救护车系统的局部贪心算法。

算法 B:在任意时刻 t_j,r_j 请求救护车。对于每一个 $1 \leq i \leq m$,令 $c_i(j)$ 是 s_i 在 t_i 时刻能够派出的救护车的数量,找到满足 $\dfrac{d_{i,j}}{v} < b_j$ 的最小 i_j;$c_{i,j}(j) \neq 0$,并且 $d_{i,j} = \min\{d_{i,j}: 1 \leq i \leq m, c_i(j) \neq 0\}$。如果这样的 i_j 确实存在,那么从 s_i 派出一辆车去服务 r_j,并且置 $c_{i_j}(j+1) = c_{i_j}(j) - 1$;如果这样的 i_j 不存在,那么不派车。

三、随机算法的性能分布

(一)性能的评价标准

为了能对随机算法的性能进行比较和优化,首先要了解如何对随机算法的性能进行评价。由于随机算法的性能是随着每次执行而不同的,如何选取合适的评价标准来对其性能进行准确而客观的评价是需要考虑的一个问题。我们已经认识到,对随机算法的性能评价不同于对确定性算法的概率分析,后者研究的是算法性能在输入实例空间上的概率分布,而这里研究的是对某个具体实例随机算法的性能服从的概率分布。

(二)平均性能

最直接的想法就是将随机算法的平均性能作为评价标准,其值可以通过将随机算法运行多次并统计运行时间的平均值来估计。

定义1:假设随机算法共运行了n次,第i次的运行时间为$t_i,1 \leq i \leq n$,则其平均性能(平均运行时间)的估计为$E(t) = \sum_{i=1}^{n} t_i/n$。

当比较随机算法与确定性算法的性能时,使用的就是这种评价方法。前面已经提到,精心构造的反例可以使确定性算法的性能急剧下降,而它却往往无法降低随机算法的平均性能,这是随机算法的基本设计思想之一。例如n个叶节点的正则与或树的求值问题,对于计算它的确定性算法,总能找到一个反例,使算法需要读取所有n个叶节点,然而存在一个随机算法,对于任何一种输入,其平均读取叶节点数总为$O(n^{0.794})$个。这样,我们可以认为该随机算法的性能高于确定性算法的性能。

当比较两个随机算法的性能时,仅仅使用平均性能作为评价标准是不客观的。例如考虑这样两个算法,算法A以90%的概率运行1 s,以10%的概率运行11 s,其平均运行时间是2 s。而另一个算法B以50%的概率运行1.5 s,以50%的概率运行2.5 s,其平均运行时间也是2 s,但不能说这两个算法的性能是等价的。用户选取哪个算法将取决于他们考虑的重点,追求速度的用户可能会选取算法A,而比较追求稳定的用户可能会选取算法B。类似于算法A这样性能分布不均匀的算法在实际应用中很常见。因此,为使用户能更好地理解随机算法的性能,就必须有其他的标准。

(三)性能的方差

方差是表征一个概率分布散布程度的量,方差越小,表示概率分布得越集中;方差越大,表示概率分布得越分散。为了更好地理解随机算法的性能,性能的方差也常常用作算法性能评价的标准。实际上,性能的方差在关于一般算法、局部优化算法等的实验性能比较的文章中经常使用,作为其性能稳定性的参考。

定义2:假设随机算法运行了n次,第i次的运行时间为$t_i,1 \leq i \leq n$,则其性能的方差(运行时间的方差)为$Var(t) = \sum_{i=1}^{n} \left[t_i - E(t) \right]^2/(n-1)$,其中$E(t)$是算法的平均性能。在实际应用中,标准差$Std(t) = \sqrt{Var(t)}$也常常被使用。

使用方差作为随机算法性能评价标准之一的好处在于,可以更好地了解算法性能的散布程度,或称为性能的稳定性。例如对于前面所述的算法A和B,A的运行时间标准差为3 s,而B的运行时间标准差为0.5 s。虽然两者平均运行时间相同,但A的运行时间标准差要比B大,就说明算法A的性能不如算法B稳定。对于简单的问题来说,使用平均值和方差这两个标准来衡量性能已经足够,但是对于一些复杂的情形,它们仍然不能准确地描述算法的性能。

(四)性能的尾部概率

通过随机算法的性能分布还可以计算出性能的尾部概率,也就是出现低性能的可能。尾部概率越大,说明算法性能越差。

尾部概率也从一定意义上表征了分布的散布程度,但和性能的方差不同的是,它更注重低性能方向的散布程度,这也符合实际应用的需要。

(五)性能分部

随机算法的性能分布可以定义为运行时间的分布函数,它可以通过多次运行算法并统计其运行时间得到。

对随机算法的性能分布进行研究,不仅可以更好地了解算法性能的特征,比较不同随机算法的性能,还可以从中发现改进算法的可能性。使用性能分布作为评价标准的缺点是实验量比较大,结果难以获取。

第二节　概率算法

本节主要介绍数值概率算法、舍伍德算法、拉斯维加斯算法和蒙特卡罗算法等4种类型的概率算法,每种类型的概率算法分别给出两个实例。

一、概率算法的大致类型

前面各章所讨论的算法的每一个计算步骤都是确定的,本章所讨论的概率方法允许算法在执行过程中随机选取下一个计算步骤。在许多情况下,当算法在执行过程中面临一个选择时,随机选取通常比最优选择省时。因此,概率方法可以在很大程度上降低算法的复杂度。

概率方法的一个基本特征是对所求解问题的同一实例用同一算法求解两次可能产生完全不同的效果,这两次求解所需的时间甚至得到的结果可能会有很大的差别。使用概率方法设计的算法称为概率算法。一般情况下,概率算法大致分为数值概率算法、蒙特卡罗算法、拉斯维加斯算法和舍伍德算法等4种类型。

1.数值概率算法

该算法常用于数值问题的求解。用数值概率算法得到的往往是近似解,且近似解的精度随计算时间的增加而不断提高。在许多情况下,要计算出问题的精确解是不可能或没有必要的,用数值概率算法往往可以得到相当满意的结果。

2.蒙特卡罗算法

该算法用于求问题的准确解。对于许多问题来说,近似解毫无意义。例如,一个判定问题的解只能是 true 或 false,不存在任何近似解。用蒙特卡罗算法能够求得问题的一个解,但这个解不能保证是正确的。求得正确解的概率依赖于算法所用的时间。算法用的时间越多,得到正确解的概率就越高。蒙特卡罗算法的主要缺点在于"一般不能有效地判定所得到的解是否正确"。

3.拉斯维加斯算法

该算法不会得到错误解。一旦用拉斯维加斯算法找到一个解,这个解一定是正确解,但有时会找不到解。与蒙特卡罗算法类似,用拉斯维加斯算法找到正确解的概率随着所用计算时间的增加而提高。对于问题的任一实例,用同一算法反复对该实例求解足够多次,可使求解失效的概率足够小。

4.舍伍德算法

该算法总能求得问题的一个解,且所求得的解总是正确的。当一个确定性算法在最坏情况下的计算复杂性与平均情况下的计算复杂性有较大差别时,可在确定性算法中引入随机因素将它改造成一个舍伍德算法,以消除或减少问题的好坏实例间的差别。舍伍德算法的精髓不是避免算法的最坏情况,而是设法消除这种最坏情形与特定实例之间的关联性。

二、数值概率算法

(一)用随机投点法计算π值

设有一半径为r的圆及其外切正方形,向该正方形内随机投掷n个点。设落入圆内的点数为k。由于所投入的点在正方形内均匀分布,落入圆内的概率为 $\dfrac{\pi r^2}{4r^2} = \dfrac{\pi}{4}$,所以当n足够大时,k与n之比逼近这一概率,从而 $\pi \approx \dfrac{4k}{n}$。

#include " algorithm.h "

Double Darts(int n)   //用随机投点法计算 π 值

{ static mt19937 g;   //随机数产生器

```
int k = 0;
for(int i = 0; i < n; + + i)
{ double x = (double)g( )/g.max( );[0,1]内的随机实数
    double y = (double)g( )/g.max( );
    if((x * x + y * y) < = 1) + + k;
}
return (double)4*k/n;
}
int main( )
{ for(int i = 0;i < 5; + + i)
    cout < < Darts(314000) < < " ";
}
3.14113    3.14048    3.13721    3.14122    3.13961
```

(二)计算定积分

设 f(x)是[0,1]上的连续函数,且 0≤f(x)≤1。需要计算的积分为 I = $\int_0^1 f(x)dx$,积分I等于图8-1中的面积G。

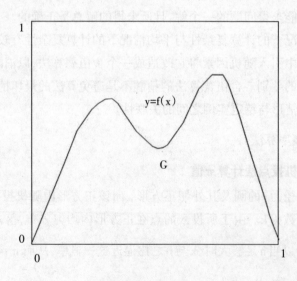

图8-1　计算定积分

如图8-1所示,在单位正方形内均匀地做投点试验,则随机点落在曲线下

面的概率为 $P(y \leqslant f(x)) = \int_0^1 f(x)dx$。假设向单位正方形内随机投入 n 个点

(x_i, y_i)，如果有 m 个点落入 G 内，则随机点落入 G 内的概率 $I \approx \dfrac{m}{n}$。

```
#include " algorithm.h "
template<class Func>     //用随机投点法计算定积分
double Darts(int n, Func h)
{ static mt19937 g;        //随机数产生器
int K = 0;
for(int i = 0; i < n; + + i)
    { double x = (double)g( )/g.max( );//[0,1]内的随机实数
      double y = (double)g( )g.max( );
      if(y < = h(x)) + + k;
    }
  return(double)k/n
}
int main( )
{ auto func = [](double x){return x * x;};
  for(int I = 0; i < 5; + + i)
    cout < < Darts(1000000, func) < < "  " ;
}
0.33304    0.333338    0.332908    0.333222    0.333037
```

(三)舍伍德算法

设 A 是一个确定性算法，当它的输入实例为 x 时，所需的计算时间记为 $t_A(x)$。若 X_n 是算法 A 的输入规模为 n 的全体实例的集合，则当问题的输入规模为 n 时，算法 A 所需的平均时间为 $\bar{t}_A = \sum_{x \leqslant X_n} t_A(x) / |X_n|$。

显然可能存在 $x \in X_n$，使得 $t_A(x) \gg \bar{t}_A(n)$。舍伍德算法的基本思想是希望获得一个概率算法 B，当 $x \in X_n$ 时，有 $t_B(x) = \bar{t}_A(n) + s(n)$。当 $s(n)$ 与 $\bar{t}_A(n)$ 相比可以忽略时，舍伍德算法可以获得很好的平均性能。

在舍伍德算法中，随机因素的引入消除了最坏情形与特定实例之间的关联性，消除或减少了好坏实例之间的差别，使得几乎所有实例都可以在平均时间

内完成,可以获得很好的平均性能。

(四)拉斯维加斯算法

1.基本思想

舍伍德型算法的优点是其计算时间复杂性对所有实例而言相对均匀。与相应的确定性算法相比,平均时间复杂性没有改进。拉斯维加斯算法则能显著地改进算法的有效性,甚至对某些迄今为止找不到有效算法的问题,也能得到满意的结果。

(1)拉斯维加斯算法的调用形式

拉斯维加斯算法的一个显著特征是它的随机性决策有可能导致算法找不到所需的解。因此,通常用一个 bool 型函数表示拉斯维加斯型算法。当算法找到一个解时返回 true,否则返回 false。拉斯维加斯算法的典型调用形式为"success = LV(x,y);",其中 x 是输入参数。当 success 的值为 true 时,y 返回问题的解;当 success 为 false 时,算法未能找到问题的一个解,此时可对同一实例再次独立地调用相同的算法。

拉斯维加斯算法的调用形式通常如下所示:

```
function Las Vegas(x,y)
{ //反复调用拉斯维加斯算法 LV(x,y),直到找到一个解 y
    while(not LV(x,y)){}
}
```

(2)拉斯维加斯算法找到一个解的平均耗时

设 $p(x)$ 是对输入 x 调用拉斯维加斯算法获得问题的一个解的概率。一个正确的拉斯维加斯算法应该对所有输入 x 均有 $p(x) > 0$。$t(x)$ 是算法 Las Vegas 找到具体实例 x 所需的平均时间(注意,求解失败后仍需找到一个解),则有

$$t(x) = p(x)s(x) + [(1 - p(x))][(e(x) + t(x))]$$

解得

$$t(x) = s(x) + [(1/p(x) - 1)]e(x)$$

容易看出,如果 LV(x,y) 获得成功解的概率较高,则 Las Vegas 所用的时间较短。

(3)在 C++ 中调用拉斯维加斯算法

在 C++ 中,拉斯维加斯算法可使用下列调用形式。为了方便调用,将该调用形式保存在文件 Las Vegas.h 中。

// Las Vegas.h

```
#pragma once
#include " algorithm.h "
templete < class Func,classs⋯Args>
int Las Vegas(Func & & .g,Args & & ⋯arg)
{ int n = 1;    //调用次数
  while(not g(arg⋯)) + + n;
  return n;
}
```

2.旅行商问题TSP

给定一个边权值非负的无向加权图G和一个非负数t,从G中找一个费用不超过1的旅行。当前最好的确定性算法的时间复杂度为$O(n^2 \times 2^n)$。

(1)算法描述

function TSP(G,X,t)

```
{ //G 是一个有 n 个顶点的无向图,X 为解向量
  //随机选择一个以 0 开头的排列 X;耗时 O(n)
  //计算相应回路的费用 S;耗时 O(n)
  if(S > t)return flase;    //不满足要求
```

执行一次耗时$O(n)$。

(2)算法的C + +描述

```
#include " Las Vegas.h "
bool TSP(const Matrix<double> & G.double t,vector<int> & X)
{ int n = G.Rows();
  iota(X);    //构造自然排列
  shuffle(X,1),n - 1);    //随机选择一个以 0 开头的排列
  double s = 0;
  for(int k = 0;k < n; + + k)    //计算回路费用
  {  s + = G(X[k%n],X[(k + 1)%n]);
     if(s > t)return false;    //不满足要求
  }
  return true;    //满足要求
}
```

- 211 -

3. 0/1 背包问题

给定正数 M 和 t，以及正数 $\{w_i\}_{i=0}^{n-1}$ 和 $\{v_i\}_{i=0}^{n-1}$，求满足 $\sum\{w_ix_i\}_{i=0}^{n-1} \leq M$ 的 0/1 数组 $\{x_i\}_{i=0}^{n-1}$，使得 $\sum\{v_ix_i\}_{i=0}^{n-1} \leq t$。回溯算法的时间复杂度为 $O(n^2 \times 2^n)$。

（1）算法描述

```
#include " Knap.h "
#include " Las Vegas.h "
bool Knap(vector<double> & .V,vector<double> & W.double c,double t
      vector<bool> & X)
{ //效益数组 V,重量数组 W,背包容量 c
   static mt19937 g;        //随机数产生器
int n = min(size(V),size(W));        //物品数
double fv = 0,fw = 0;        //最后效益,最后重量
for(int i = 0;i < n; + + i)        //随机决定物品 i 的选取
  { X[i] = g()%2,fv + = V[i]*X[i],fw + = W[i]*X[i];
     if(fw > c)return false;        //已经超重
  }
   return fv > = t;
}
```

执行一次耗时 $O(n)$。

（2）测试程序

```
int main(){
int n = 3;        //物品数
vector<double>V = {120,60,100};        //效益数组
vector<double>W = {30,10,20};        //重量数组
double M = 50,t = 220;        //重量数组,背包容量
vector<bool>X(n);        //解向量
int m = Las Vegas(Knap,V,W,M,t,X)
PrintSolution(V,W,X)
   cout < < " 执行次数: " < < m < <endl;
}
```

效益:120 60 100

重量:30 10 20

答案:1 0 1

执行次数:2

(五)蒙特卡罗算法

在实际应用中经常会遇到一些问题,不论采用确定性算法或概率算法都无法保证每次都能得到正确解答。蒙特卡罗算法在一般情况下可以保证对问题的所有实例都以高概率给出正确解,但是通常不能保证一个具体解是否正确。

1.基本思想

设p是一个实数,且0.5 < p < 1。如果一个蒙特卡罗算法对于问题的任一实例得到正确解的概率不小于p,则称该蒙特卡罗算法是p正确的,且称p − 0.5是该算法的优势。

如果对于问题的同一实例,蒙特卡罗算法不会给出两个不同的正确解答,则称该蒙特卡罗算法是一致的。

对于一个一致的p正确的蒙特卡罗算法,要提高获得正确解的概率,只要执行该算法若干次,然后选择出现频次最高的解。

在实际使用中,大多数蒙特卡罗算法经重复调用后正确率提高很快。

设MC(x)是解某个判定问题的蒙特卡罗算法。如果当MC(x)返回true时解总是正确的,仅当它返回false时有可能产生错误的解,则称这类蒙特卡罗算法为偏真算法。

多次调用一个偏真的蒙特卡罗算法,只要有一次调用返回true就可以断定相应的解为true。

重复调用一个一致的p正确的偏真的蒙特卡罗算法k次,可得到一个一致的$1 − (1 − p)^k$正确的偏真的蒙特卡罗算法。例如,只要重复调用一个一致的55%正确的偏真的蒙特卡罗算法4次,就可以将解的正确率从55%提高到95%;重复调用6次,可以提高到99%$(0.45^4 = 0.041006, 0.45^6 = 0.008303377)$。偏真蒙特卡罗算法对正确率p的要求可以从p>0.5放松到p>0。

如果当MC(x)返回false时解总是正确的,仅当它返回true时有可能产生错误的解,则称这类蒙特卡罗算法为偏假算法。

对于偏假蒙特卡罗算法,可以同样讨论。

2.主元素问题

定义:数组中出现次数达到元素总数的50%的元素称为该数组的主元素。

问题:判断一个数组是否含有主元素。

(1)蒙特卡罗算法

```
#include " algorithm.h "
template<class T>        //判定是否存在主元素的蒙特卡罗算法
bool Majority(T X[], int n)
{ static mt19937 g;        //随机数产生器
  T & e = X[g( )%n];        //随机选择数组元素e
  int k = 0;        //计算元素e出现的次数k
  for(int i = 0; i < n; + + i)
  if(X[i] = = e) + + k;
  return k > n/2;        //k > n/2时X含有主元素
}
```

显然,该算法所需的计算时间是$O(n)$。它是一个偏真的蒙特卡罗算法,得到正确解的概率$p > 0.5$,所以其错误概率$(1 - p) < 0.5$.

(2)重复调用

对于任何给定的$\varepsilon > 0$,下列 Majority 算法重复调用$\log(1/e)$次 Majority。

```
template<class T>        //重复 log(1/e)次调用算法 Majority
bool Majority(TX[], int n, double e)
{ for(int m = log2(1/e); m > 0; - - m)
    if(Majority(X, n))return true;
    return false;
}
```

显然,该算法所需的计算时间是$O(n\log(1/e))$。它是一个偏真的蒙特卡罗算法,其错误概率$(1 - p)^{\log(1/e)} < 0.5^{\log(1/e)} = 2^{\log e} = e$。

(3)测试程序

```
int main( )
{ double X[] = {2, 1, 1, 3, 1, 4, 1}
  cout < < boolapha < < Majority(X, 7, 0.001);//true
}
```

3. 素数测试

(1)利用定义构造确定性算法

```
#include " algorithm.h "
template<class Int>
bool Prime(Int n)        //n > 2
{ if(n%2 = = 0)return false;
  Int m = sqrt(n);        //n的平方根
  for(Int i = 3;i < m;i + = 2)
  if(n%i = = 0)return false;
  return true;        //素数
}
```

因为问题的输入规模为 $m = \lceil \log n \rceil$，所以使用该方法需要的计算时间为 $O(n^{0.5}) = O(2^{0.5\log n}) = O(2^{m/2})$，是指数时间算法。

(2)素数的两个性质

费马小定理：若 n 是素数，且 $0 < a < n$，则 $a^{n-1} \equiv 1(\bmod\ n)$。

二次探测定理：若 n 是素数，且 $0 < x < n$，则方程 $x^2 \equiv 1(\bmod\ n)$ 的解为 $x = 1$，$n = 1$。

(3)模乘方的计算方法

乘方的计算方法为

$$x^n = \begin{cases} x^{n/2} \times x^{n/2}, & n\%2 = 0 \\ x \times x^{n/2}, & n\%2 = 1 \end{cases}$$

例如：$n = 7, w = 1, z = x$

$n = 3, w = x, z = x^2$

$n = 1, w = x^3, z = x^4$

$n = 0, w = x^7, z = x^8$

由此，可构造出下列计算模乘方的算法：

```
//计算 x n mod m,n > 0,m > 0,时间复杂度为O(log2(n))
template<class Int>
Int pow(Int a,Int n,Int m)
{ Int w = 1,z = a;
  //结果存入w,z记录a(2 k),k = 1···log2(n)
```

```
for( ;n > 0;n/ = 2)
{   if(n & 1)w * = z,w% = m;  //若 n 是奇数
    z * = z,z% = m;
}
return w;
}
```

(4)根据费马小定理构造随机算法

```
template<class int>
bool Fermat(int n)      //n > 2
{   static mt19937 g;        //随机数产生器
    if(n%2 = = 0)return false;
    int m = log2(n);
    for(Int i = 0;i < m; + +i)        //执行 log2(n)次测试
    {   Int a = g( )%(n − 3) + 2;        //不测试 0、1 和 n − 1
        if(pow(a,n − 1,n)! = 1)return false;//n 一定是合数
    }
    return true;        //n 高概率为素数
}
```

问题的输入规模为 $m = \lceil \log n \rceil$。调用 pow 需要 $O(m)$ 的计算时间,Fermat 调用了 $O(m)$ 次 pow,故 Fermat 的计算时间为 $O(m^2)$,是平方时间算法。

注:因为对任何大于 2 的奇数 n,都有 $0^{n-1} \equiv 0(\bmod n)$、$1^{n-1} \equiv 1(\bmod n)$ 和 $(n-1)^{n-1} \equiv 1(\bmod n)$,所以无须测试 0、1 和 n − 1。

(5)带二次探测的随机算法

该算法是在 pow 的计算过程中实施二次探测而形成的。

```
template<class int>
bool Witness(int a,int n)
{   //计算 a(n − 1)mod n,并在计算过程中实施二次探测
    int w = 1,z = a,x;        //结果存入 w,z 记录 a(2 m),m = 1 to log(n − 1)
    for(Int p = n − 1;p > 0;p/ = 2)
    {   if(p & 1)w* = z,w% = n;        //若 p 是奇数
        x = z,z* = z,z% = n;
```

```
            //实施二次探测,结果为假时一定是合数
    if(z = = 1 and x! = x! = n - 1)return false;
}
return w = = 1;        //测试费马小定理的结论
}
```

(6)MiilerRabin算法

对待测试整数 n,重复调用 logn 次 Witness 算法。

```
template<class Int>
bool MillerRabin(Int n)        //n > 2
{
static mt19937 g;        //随机数产生器
    if(n%2 = = 0)return false;
    Int m = log2(n);
    for(Int i = 0;i < m; + + i)        //执行;log2(n)次测试
    { Int a = g()%(n - 3) + 2;        //不测试 0,1 和 n - 1
        if(not Witness(a,n))return false;        //n 一定是合数
    }
return true;        //n 高概率为素数
}
```

(7)MiilerRabin算法的复杂性和正确率

复杂性:输入规模为 $m = \lceil \log n \rceil$,调用 Witness 需要 $O(m)$ 计算时间,MiilerRabin 需要调用 $O(m)$ 次 Witness,故 MiilerRabin 的计算时间为 $O(m^2)$,是平方时间算法。

正确率:MiilerRabin 中的 for 循环体是一个偏假 3/4 正确(返回假一定正确,返回真算一半机会正确)的蒙特卡罗算法。通过多次重复调用,错误概率不超过 $(1/4)^{\log n}$。这是一个很保守的估计(因为返回真时正确机会远不止一半),实际效果要好得多。

第九章 算法分析进阶

第一节 平摊分析

在算法最坏情况时间复杂度分析中,特别是针对某个数据结构的多次操作的代价分析中,经常会出现不同操作的代价差别很大的情况。例如,对一个数据结构进行一系列 n 个操作。这些操作中,有的很"廉价",代价为 $O(1)$,有的很"昂贵",代价为 $O(n)$。此时一个悲观的估计就是最坏情况的代价不超过 $O(n^2)$,平均每个操作的代价为 $O(n)$。但是实际应用中,昂贵操作的出现和廉价操作的出现往往有内在的联系。如果准确分析这一联系,有可能更准确地计算出最坏情况时间复杂度。例如,在上面的例子中,虽然最坏情况下一个操作的代价为 $O(m)$,但是当昂贵操作的出现和廉价操作的出现满足某种联系时,每个操作的平均代价有可能是 $O(1)$。平摊分析就是针对上述情况的一种系统分析方法。本章首先分析平摊分析产生的动机,其次介绍平摊分析的基本方法,最后通过 4 个经典问题来展示平摊分析的应用。

一、平摊分析的动机

首先通过一个具体的例子来展示平摊分析适用的时机。我们知道哈希表的性能会随着元素和负载因子的增加而降低。保证哈希表性能的一种手段就是随着元素的增加,相应地增加哈希表的大小,保证负载因子维持在一定的范围内,为此需要使用数组扩张(Array doubling)技术。

假设对一个哈希表进行了 n 个 Insert-doublung 操作。由于单个操作的代价最高是 $O(n)$,所以总代价的上界是 $O(n^2)$。这显然是一个很松的界。稍加分析就可以发现,数组的扩张只会发生在数组大小为 2 的 k 次幂时,所以对一个空的哈希表,插入 n 个元素的代价满足:

$$W(n) = \sum_{i=1}^{n} c_i \leqslant \underbrace{n}_{\text{插入一个元素的代价}} + \underbrace{\sum_{j=0}^{\log n} 2}_{\text{数组扩张的代价}} < n + 2n = 3n$$

由此我们将插入 n 个元素的代价从悲观的 $O(n^2)$ 改进到更准确的 $O(n)$。数组扩张的代价分析需要平摊分析的典型场景,具体表现为:一组操作中单个操作代价的差距很大,大部分操作代价很小,仅有很少一部分操作代价非常高。对这样一组操作,以昂贵操作的代价为上界,只能得到所有操作的一个很松弛的上界。为了得到更紧的上界,本质是建立廉价操作和昂贵操作之间的关联。在数组扩张的例子中,只有当廉价的插入操作积攒到一定程度时,才会触发一次昂贵的插入操作。平摊分析是系统化建模这种关联,得到更紧上界的一种分析方法。

下面首先介绍平摊分析的基本方法,然后通过典型的例子来展示平摊分析的应用。

二、平摊分析的基本过程

平摊分析涉及三种代价,首先给出每种代价的定义:

实际代价 C_{act}:每个操作实际的执行代价。对于需要平摊分析的场合,不同操作的实际代价往往有显著的差别。我们一般根据操作的实际代价将它们分为昂贵操作和廉价操作。

记账代价 C_{acc}:对于廉价操作,需要设计一个策略,为其计算一个正的记账代价。而对于昂贵操作,需要为其计算一个负的记账代价。

平摊代价 C_{amo}:平摊代价由上面两个代价完全决定,是上面两个代价之和,即 $C_{amo}=C_{act}+C_{acc}$。

我们所要分析的是 n 个操作执行序列的代价的上界。若按照昂贵操作的实际代价计算,则容易得到一个正确的上界,但是这一估算往往非常悲观,得到的是一个很松的上界。平摊分析的关键在于记账代价的设定。设计合理的记账代价,既能保证分析结论的正确性(即保证所分析的代价的确是所有合法执行可能产生代价的上界),又能使所分析的上界尽量紧。下面围绕记账代价来解释平摊分析的基本原理。

考察三种代价的定义发现,实际代价是由具体应用客观决定的,而平摊代价是完全由实际代价和记账代价决定的,所以平摊分析的关键是引入了记账代价。我们基于下面的原则对廉价操作和昂贵操作分别设计记账代价:

(1)廉价操作的记账代价设计。对于廉价操作,我们为其设计一个正的记账代价,其原理是预先多计算一点代价,好比提前攒了一笔钱,留待未来需要时使用。显然,为廉价操作多计算一些正的记账代价,不会影响所估算上界的正确性。从代价的角度而言,我们希望每个廉价操作所积攒的记账代价是有限的,对代价的渐近增长率往往不造成影响。

(2)昂贵操作的记账代价设计。对于昂贵操作,我们为其设计一个负的记账代价,其原理是前面已经攒了一些钱(记账代价),此时使用攒好的钱。虽然希望昂贵操作的平摊代价越低越好,但是我们并不能随意设定负值很低的记账代价。设计负值的记账代价背后的约束是:当分析n个操作的代价的上界时,对于任意n个操作的合法执行序列,所有操作的记账代价的总和必须永远是非负的。这一要求好比说,你所花的钱必须是前面自己积攒起来的。必须满足这一要求才能保证所分析的上界是正确的。从代价的角度而言,我们希望每个昂贵操作的记账代价是比较少的,以减少最终平摊代价的渐近增长率。

经过上面的分析,我们发现平摊分析的核心问题是解决好一对矛盾:既要设计尽量少的记账代价以获得更紧的上界,又要设计充分多的记账代价以保证所分析的上界是正确的。下面通过典型的问题,来展示如何根据实际应用的具体特征解决好这对矛盾,使用平摊分析得到正确、准确的代价分析。[①]

三、MultiPop栈

在分析数组扩充的例子之前,来看一个简单的例子。假设有一个栈,它支持两种操作:

PUSH:将一个元素压到栈中。这一操作与经典栈的压栈操作是一样的。

POP-ALL:将栈中所有元素全部出栈。每一个元素的出栈与经典栈的出栈操作是一样的。所不同的是,这一操作将执行前栈中的所有元素全部依次出栈。

如果不用平摊分析,直接分析可知每个操作可能为常数时间,也可能为线性时间 $O(n)$。当栈中有 $O(m)$ 个元素时,POP-ALL可能需要 $O(m)$ 的代价。总之,任意操作的时间都是 $O(n)$。那么任意n个PUSH/POP-ALL操作的代价为 $O(n^2)$。这一上界是正确的,也是保守的。我们需要采用平摊分析,以获得更精确的上界。

---

①郁钱,常玉慧,朱广萍.算法分析中图示法教学设计的研究与实践[J].计算机教育,2022(04):150-154+158.

220

为廉价操作、昂贵操作分别设计记账代价,如表9-1所示。昂贵操作POP-ALL本质就是多个元素依次出栈,它与廉价操作PUSH显然是有本质关联的:POP-ALL的代价完全来自前面压(PUSH)了多少元素在栈里面。所以,每个操作都按照POP-ALL的最高可能代价来估算,显然是不合理的。根据两种操作的关系,按如下方式设计记账代价:每个PUSH操作除自身的实际代价1之外,还设计一个记账代价1。这是因为未来这个元素要被出栈,单个元素出栈的代价为1。每次进行POP-ALL操作时,不管有多少元素(记元素个数为k),每个元素都在进栈之时攒了出栈将要消耗的代价,所以对于任何合法的操作序列,记账代价永远非负。根据表9-1中的记账代价,任意n个栈操作的序列的代价总是不超过$2n = O(n)$。

表 9-1　对MultiPop栈操作进行平摊分析

操作	C_{amo}	C_{act}	C_{acc}
PUSH	2	1	1
POP-ALL	0	k	−k

四、数组扩充

本节使用平摊分析来分析n个插入操作的代价。假设数组的大小为2,里面已经存满了元素a和b,当需要插入新元素c时,我们分配一个大小倍增的数组(大小为4),将a和b挪到新空间,并插入元素c。当元素d被插入时,新空间又被填满。当再需要插入元素e时,我们又会分配一个大小倍增的新数组,将既有元素挪过去,并插入新的元素。随着元素的持续插入,我们不断重复这一过程。

我们做平摊分析的主要任务就是,在普通插入时,积攒足够的记账代价,用于支付未来元素挪动的代价。插入一个新元素的实际代价是1,这一元素未来要被挪到新的数组中,所以为它积攒记账代价1。此时容易忽略的一个事实是,从旧数组挪到新数组中的元素再次挪到新数组时,没有人为它们"支付"这次移动的代价。所以新插入元素时,每个新插入的元素需要"帮扶"一个数组中已经存在的元素。由于数组在大小倍增时会再次移动,所以一对一的帮扶是可以实现的,由此为元素c的插入记上第二份记账代价1,用于支付未来元素a的移动。根据上述分析,我们得出廉价和昂贵插入操作的各种代价如表9-2所示。

表 9-2　数组扩充的平摊分析

操作	C_{amo}	C_{act}	C_{acc}
普通插入	3	1	2
扩充插入	3	k+1	k+2

　　根据我们对于记账代价的设计可知,执行带数组扩充的插入操作时,已有的 k 个元素移动的代价都已经在元素的普通插入之时完成了积攒,所以任何时刻所有插入操作的记账代价之和一定是非负的。根据表 9-2 中的平摊代价可知,n 次插入的总代价不超过 3n = O(n),这显著优于悲观的 $O(n^2)$ 的估计。

五、二进制计数器

　　现有一个若干比特的二进制计数器,维护它的代价为每次计数(计数器值加 1)时所做的比特操作。对于一个 6 个比特的计数器,初始值为 0,计数到 8 时的代价如表 9-3 所示。每次数值增 1 操作,其代价可能有显著的差距。具体而言,如果计数器值的末尾比特是 0,则这是一次廉价操作,末尾的 0 变为 1 即可,代价为 1。如果计数器的末尾比特值是 1,假设末尾有连续 k 个 1,则这是一次昂贵操作。增 1 的代价是,将末尾连续的 k 个 1 全部变为 0,再将末尾连续 k 个 1 前面那个 0 变成 1,总代价为 k+1。

表 9-3　二进制计数器维护代价

操作个数	计数器状态	总代价
0	000000	0
1	000001	1
2	000010	3
3	000011	4
4	000100	7
5	000101	8
6	000110	10
7	000111	11

操作个数	计数器状态	总代价
8	001000	15

显然,昂贵操作的出现是与廉价操作有密切联系的,所以我们采用平摊分析来分析计数器的维护代价。初始情况下,计数器的所有位都是0。昂贵操作之所以代价可能很高,是因为它要先把k个1变成0,但是这里的k个1也是由0变来的。所以从初始每个比特全是0的状态开始,当一个比特位从0变成1时,实际代价为1,此时设计一个记账代价1,用于"支付"未来该比特从1翻转为0的代价。当一个比特从1变成0时,实际代价为1,记账代价为-1。所以,昂贵操作的总记账代价为:

$$C_{acc}(有进位增1) = \underset{k个1变成0的记账代价}{-k} + \underset{最高位从0变成1的记账代价}{1}$$

如表9-4所示。由于每个比特在从0变成1的时候,都积攒了1个代价用于"支付"未来从1变回0的代价,所以上述设计下,任意多个操作的记账代价之和必然是非负的。根据我们设计的平摊代价可知,任意n次计数器增1的代价不超过2n = O(n)。

表 9-4 对二进制计数器进行平摊分析

操作	C_{amo}	C_{act}	C_{acc}
无进位增1	2	1	1
有进位增1	2	k+1	−k+1
置1	2	1	1
置0	0	1	−1

上面的分析是着眼于两类不同的操作——有进位的增1和无进位的增1来进行平摊分析的。我们还可以从不同的视角完成分析。我们知道每次增1操作都可以解构为多个比特位的修改,所以可以直接针对比特位的操作置1和置0完成平摊分析。置1操作的实际代价为1,记账代价为1,以"支付"未来从1变回0。置0操作的实际代价为1,记账代价为-1,用了之前从0变成1时"储蓄"的1个记账代价,如表9-4所示。每次计数器增1操作,必然是1个比特位置1,若干个比特位置0,由于置0的平摊代价为0,所以增1操作的平摊代价不超过2,

即为置1操作的平摊代价,所以n次计数器增1操作的总代价为2n = O(n)。

六、基于栈实现队列

最后讨论一个使用栈来实现队列的例子。假设我们已经实现了栈这一数据结构,现在需要利用既有的栈来实现一个队列。这一实现需要使用两个栈,其基本原理如图9-1所示。

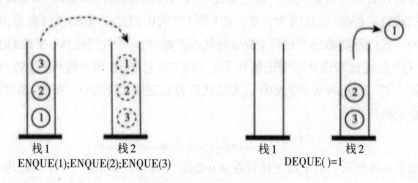

栈1　　　　栈2　　　　　　　　　栈1　　　　栈2
ENQUE(1);ENQUE(2);ENQUE(3)　　　　　　　DEQUE( )=1

图 9-1　基于栈来实现队列

具体而言,队列的两个基本操作实现如下:

ENQUE(x);将元素x压进栈1。

DEQUE();按栈2栈1是否为空,分三种情况分别处理。

如果栈2非空:从栈2中弹出一个元素。

如果栈2为空,但是栈1非空:将栈1的元素依次弹出,并逐个压进栈2,然后从栈2中弹出一个元素。

如果栈2为空,且栈1为空:返回"队列为空"。

根据上面的设计很容易发现,同样的DEQUE操作,其代价可能有巨大的差异,但是昂贵DEQUE的出现和前面的ENQUE是有本质关联的,所以可以采用平摊分析进行精确的代价分析。分析的思路还是在"诞生"之时储备,"消失"之时消耗。具体而言:

ENQUE操作的实际代价为1。储备的记账代价为2,用于支付未来的1次出栈1和1次进栈2。

DEQUE操作的代价可能是1次POP操作的实际代价1,也可能是1+2k(假设有k个元素需要从栈1进入栈2)。如果DEQUE的实际代价为1,则其记账代价为0;如果DEQUE的实际代价是1+2k,则其记账代价为−2k,其原理是用这k个元素进栈1时积攒的代价来"支付"当前出栈1进栈2的代价。

为这三种情况设计记账代价,如表9-5所示。容易验证记账代价在任何操作序列中都是非负的,因为记账代价的使用遵循了"DEQUEUE时使用的,必然是ENQUE时储备的"这一原则。根据上述分析,任意n次队列操作的代价不超过3n = O(n)。

表 9-5 使用栈实现队列的平摊分析

操作	C_{amo}	C_{act}	C_{acc}
ENQUE	3	1	2
DEQUE(栈2不空)	1	1	0
DEQUE(栈2为空)	1	1+2k	−2k

第二节 对手论证

当面对一个算法问题时,我们经常可以设计一个蛮力算法,然后逐步改进,得到效率更高的算法。例如,对于排序问题,不难得到代价为$O(n^2)$的插入排序。通过分治策略,可以将算法改进到代价为$O(n\log n)$。算法的改进过程自然会带来一个问题:改进的界限在哪里? 也就是说,当我们得到什么代价的算法时,就可以确定已经不可能再有进一步的改进了。这一改进的界限,可以通过算法问题的下界来刻画。具体而言,对于一个算法问题,我们说该问题的最坏情况时间复杂度的下界为$\Omega(f(n))$即解决该问题的任意算法的最坏时间复杂度为$\Omega(n\log n)$。类似地,同样可以定义算法问题的平均情况时间复杂度的下界。还是以排序算法为例,通过决策树可以证明比较排序的最坏情况时间复杂度的下界是$2(n\log n)$,于是我们可以知道堆排序和合并排序在最坏情况时间复杂度方面已经达到最优,不可能在渐近增长率方面做出进一步改进。

有一些问题,例如选择问题,可以使用决策树来分析下界,但是得不到充分紧的下界。还有一些问题,无法使用决策树来分析,此时需要引入对手论证(Adversary argument)这一更强有力的工具来进行下界分析。本章首先介绍对手论证的基本原理与使用方法,然后结合一系列选择问题的下界证明来展示对手论证技术的应用。

一、对手论证的基本形式

可以将对手论证形象地看成两种角色之间的较量,较量的双方是算法的设计者和设计者的对手(adversary)。

设计者:算法设计者的任务是设计算法来解决算法问题。它的优势在于可以采用任何理论、技术来优化算法的设计,提升算法的性能;不利之处在于,对于所有合法的输入,都必须保证算法的输出是正确的。

对手:对手的任务和设计者的任务是"敌对的"。对手的优势在于,它可以在所有合法的输入中,挑选对于算法最不利的"坏"输入,使算法付出更多的代价。对手的限制在于它只能选择合法的输入。

根据这两种角色的设计,我们看出对手论证的基本原理是,通过对手论证构造坏的输入,使任何算法总是至少付出一定的代价,而这一"至少要付的代价",就是我们需要求的算法问题的下界。下面通过具体的例子来展示对手论证的基本原理与典型应用。

二、选择最大或最小元素

这一问题本身很简单,直接用蛮力方法就可以有效解决,可以得到数组中的最大或最小元素。此时,问题的关键在于证明算法的下界是n-1。更严格地说,我们需要证明的是:

定理9-1:对于选择最大/最小元素问题,基于比较的选择算法的最坏情况时间复杂度下界是n-1,即任何基于比较的选择算法,在最坏情况下至少要做n-1次比较才能选出最大/最小元素。

要证明至少需要n-1次比较,等价于证明如果比较次数小于等于n-2,则算法一定不正确。这一变换便于我们使用反证法。假设对于任意合法的输入,一个算法总是能正确找到最大元素,并假设算法至多只需要n-2次比较,假设算法选定的最大元素是a,由于算法的比较次数不超过n-2,所以至少有一个元素b,它没有跟a进行过比较。由于b没有和a进行过比较,所以算法并不知道这两个元素之间的大小关系。所以从对手的角度,我们把b的值设为大于a的某个合法值,这就导致了算法的错误。由此就证明了算法至少要进行n-1次比较。

这一论证虽然简单,但是它帮我们进一步了解了算法问题的下界这一概念,并且它已经包含了对手论证的基本要素。下面我们将结合更复杂的例子来充分展示对手论证技术的应用。[①]

三、同时选择最大和最小元素

这一问题的蛮力算法不难设计,只需首先选出最大元素,其次在剩下的元素中选出最小元素。这一蛮力算法的最坏情况代价为 $n-1+n-2=2n-3$。通过元素两两配对比较,再从配对比较的较大元素中选择最大的元素,从配对比较的较小元素中选择最小的元素,则可以将算法的最坏情况时间复杂度改进到 $W(n)=\left\lceil\dfrac{3n}{2}\right\rceil-2$。

此时一个自然的问题就是,能否通过更巧妙的设计,将算法的最坏情况时间复杂度进一步降低。或者说,算法的代价是否已经达到最优,这一代价就是下界,无法再做出改进。我们将通过对手论证,证明这一代价就是这一算法问题的最坏情况时间复杂度下界:

定理9-2:同时选择最 $\left\lceil\dfrac{3n}{2}\right\rceil-2$ 大和最小元素这一算法问题的最坏情况时间复杂度下界是-2,即任意一个基于比较的选择算法,在最坏情况下至少要做 $\left\lceil\dfrac{3n}{2}\right\rceil-2$ 次比较才能选出最大和最小元素。

证明这一结论的难度在于,我们需要面对的是所有可能的算法,包括已经设计出来的和未来将被设计出来的算法,所以此时必须要设计一个抽象的数学模型,来刻画所有可能算法的共性特征。为此,我们提出信息量的概念。这里只考虑基于比较的算法,即算法只能通过两个元素之间的比较来确定最终的最大和最小元素。我们将两个元素的比较形象地称为一次比赛,称较大的元素为赢者,较小的元素为输者。一个元素在尚未参加任何比较之前,我们将它的状态记为N(New),表示尚未参加过任何比较。在一次两个元素的比较之后,我们将更大的元素状态记为W(Win),表示曾经在某次比较中赢过;将更小的元素记为L(Lose),表示曾经在某次比较中输过。因此,一个元素的状态必然是以下四种之一:N、W、L、WL。注意,最后一种状态WL表示该元素曾经在某次比较中赢过,并且曾经在某次比较中输过。

每个元素的状态只能从N开始,按照图9-2中的边进行转换。每经过一条

---

①王晓峰,于卓,赵健,等. 大规模图例的最大团问题算法分析[J]. 计算机工程,2022,48(06):182-192+199.

边进行一次状态转换,我们记为增加了1个单位的信息量(1 unit of information)。这里引入的信息量的概念,正是刻画所有求最大和最小元素算法共性特征的工具。

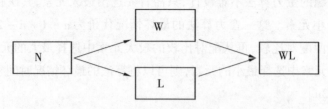

图 9-2　选择最大和最小元素过程中元素状态的变化

确定一个元素为最大元素,等价于确定该元素赢过所有其他n-1个元素。这里的赢,包括在直接的比较中大于另一个元素,也包括通过多次比较间接赢过另一个元素(如果a赢b、b赢c,则称a间接赢了c)。所以确定最大元素,至少需要获得n-1个单位的信息量。类似地,确定最小元素,同样至少要获得n-1个单位的信息量。所以确定最大和最小元素,不管采用何种算法,至少要获得2n-2的信息量。

与使用逆序对分析比较排序类似,一个选择最大和最小元素的算法,其性能高低的关键在于,如何能够使每一次比较尽量获得更多的信息量。而对手挑选合法"坏"输入的准则就是使每次比较尽量少地提供信息量,如表9-6所示。为此,我们详细分析一次元素比较可能带来的信息量的增量。

表 9-6　基于信息量模型的对手策略设计

比较前的状态	对手的应对	比较后的状态	获得的信息量
N,N	x>y	W,L	2
(W,N)或(WL,N)	x>y	(W,L)或(WL,L)	1
L,N	x<y	L,W	1
W,W	x>y	W,WL	1
L,L	x>y	WL,L	1
(W,L)或(WL,L)或(W,WL)	x>y	不变	0
WL,WL	与前面分配的值一致	不变	0

两个状态为N的元素的比较,必然能带来2个单位的信息量,这也是一次比较所能增加的最多的信息量。从算法设计者的角度来说,这样的比较是比较高效的,这也就解释了为什么选择最大和最小元素的算法要先将所有元素两两配对进行比较。考虑n为偶数的情况,这类获得2个信息量的比较,最多能做$\frac{n}{2}$次。其他的比较,无论如何设计算法,每次比较至多获得1个单位的信息量。因为解决选择最大和最小元素的问题,总共必须获得至少2(n - 1)的信息量,所以总的比较次数满足下面的等式:

$$\underbrace{2}_{\text{每次比较获得的信息量}} \times \underbrace{\frac{n}{2}}_{\text{比较的次数}} + \underbrace{1}_{\text{每次比较获得的信息量}} \times \underbrace{(n - 2)}_{\text{比较的次数}} = 2n - 2$$

因此,任何基于比较的选择算法,至少需要$\frac{n}{2} + n - 2 = \frac{3n}{2} - 2$次比较。

四、选择次大元素

在分析完选择最大和最小元素问题后,我们来看一个相关的问题:选择次大(第2大)元素问题。显然,经过两轮蛮力选择,该问题可以通过n - 1 + n - 2 = 2n - 3次比较解决。首先考虑如何改进蛮力算法,其次通过对手论证来证明该问题的下界,进而证明所提的改进算法是最优的。

更高效地选出次大元素的核心原理在于次大元素的这一特征:只有那些比较中输给最大元素的元素中,才可能产生次大的元素。也就是说,无论采取何种比较算法,如果一个元素输给过一个不是最大元素的元素,那么它一定不是次大元素。这一性质的证明是显然的。首先采用单败淘汰的锦标赛方法来选择最大元素。假设元素个数为2的整数幂,采用一个完美二叉树来组织,一个8个元素的例子如图9-3所示。开始时,所有元素$x_1, x_2, \cdots, x_8$处于叶节点位置,所有非叶节点均为空。同一个父节点的左右两个叶子节点进行比较,更大的元素胜出,进入到父节点中。重复这个单败淘汰的过程,直至选出冠军(最大元素)。选出最大元素之后,回溯最大元素参与的所有比较,进而在跟最大元素比较过的元素中选出次大元素。

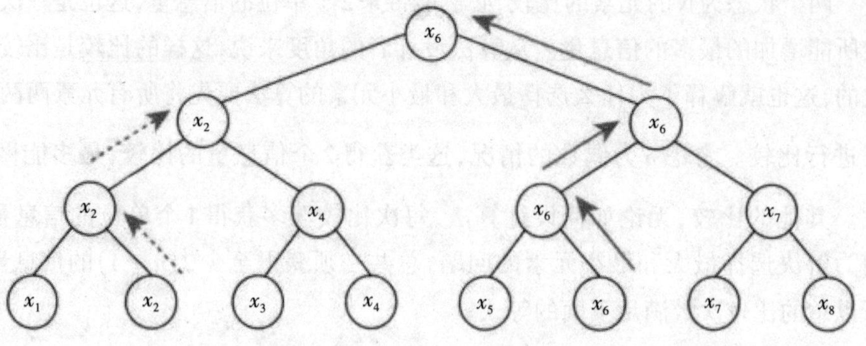

图 9-3 单败淘汰锦标赛

锦标赛对应的二叉树高度为$\lceil \log n \rceil$,也就是说单败淘汰决出冠军需要$\lceil \log n \rceil$轮。从这$\lceil \log n \rceil$轮中输给最大元素的元素中朴素遍历选出最大元素需要$\lceil \log n \rceil - 1$次比较。决出冠军的比较次数为$n - 1$,这是因为每次比较确定淘汰1个元素,而选出冠军等价于淘汰$n - 1$个元素。上述算法选出次大元素的总代价为:

$$W(n) = \underbrace{n-1}_{\text{选出最大元素的代价}} + \underbrace{\lceil \log n \rceil - 1}_{\text{选出次大元素的代价}} = n + \lceil \log n \rceil - 2$$

问题的难度在于证明这一代价是最优的,即证明:

定理9-3:选择第二大元素的算法的下界是$n + \lceil \log n \rceil - 2$,即任意一个基于比较的选择算法,在最坏情况下至少要做$n + \lceil \log n \rceil - 2$次比较才能选择出第二大元素。

我们通过一个形象的比喻来解释证明下界所用的对手策略。将选择最大元素的过程看成是单败淘汰的比赛。假设初始时,每个选手(元素)有1个金币。每次比赛前,它们各自有若干金币。比赛后,胜者拿走双方全部的金币。这一金币的比喻,其实是一个抽象的数学模型,它可以刻画任意基于比较的选择算法的性质。

当算法的执行过程被金币的转移过程所刻画的时候,对手可以选择如表9-7所示的策略。任意两个元素x和y比较之前,如果它们持有的金币数不同,则对手让持有金币多的元素获胜。如果x和y两个元素比较之前持有的金币数目相同且不为0,则不失一般性,同样可以让x获胜。如果两个元素的金币数都是0,则只要让比较的结果与前面的比较不矛盾即可,此时也不会发生任何金币的转移。这一对手论证策略的关键之处在于,选择最大元素的过程,就是金币全部汇总到冠军的过程。而对手的策略使得每次比较的胜者都是持有金币更多(或相等)的那个人,所以任何一次比较,金币的增加速度最多为原来的两倍。根据这一性质,冠军要汇总数量为n的金币,至少需要参与$\lceil \log n \rceil$次的比较,那么至少有$\lceil \log n \rceil$个元素可能成为次大元素。所以寻找次大元素的总代价至少为:

$$n - 1 + \lceil \log n \rceil - 1 = n + \lceil \log n \rceil - 2$$

由此完成了下界的证明。

表 9-7　基于金币模型的对手策略设计

金币个数的比较	对手的应对	金币个数的更新
w(x)>w(y)	x>y	w(x):=w(x)+w(y),w(y):=0
w(x)=w(y)>0	同上	同上
w(y)>w(x)	y>x	w(y):=w(x)+w(y),w(x):0
w(x)=w(y)=0	与之前结果一致	无变化

五、选择中位数

要确定一个元素为中位数,则必须确定该元素比$\dfrac{n-1}{2}$个元素大,且比$\dfrac{n-1}{2}$个元素小(为了便于讨论对手策略的设计,这里假设n为奇数)。针对"确定中位数"这一目标,可以将元素之间的比较分为两类:

关键比较(Crucial comparison):如果一次比较帮助算法的设计者确定了中位数和某个元素的关系,则这次比较为一次关键比较。这里的帮助可以是直接的,也可以是间接的。例如,如果已知元素a比中位数小,且比较a和b的结果是a>b,则根据序关系的传递性可知b一定比中位数小,这次比较是一次关键比较。

非关键比较(Non-crucial comparison):如果一次比较无法帮助确定某个元素和中位数的关系,则这次比较是一次非关键比较。例如,已知元素a比中位数小,而a和b比较的结果是a<b,则通过此次比较算法设计者无法确定b和中位数的关系,此次比较为一次非关键比较。

显然要确定中位数,必然需要n-1次关键比较。所以一次比较"关键"与否,对于对手策略的设计具有直接的指导作用:对手希望通过合法输入的调配,使尽量多的比较成为非关键比较,则算法最终需要比较的总次数将会增加。

为了设计一个对手策略,我们将算法执行过程中元素的状态分成如下3种:

N:元素还未参加过比较。

L:元素被赋予一个大于中位数的值。

S:元素被赋予一个小于中位数的值。

由此,我们设计对手策略如表9-8所示。如前面对元素比较关键与否的讨论,对手策略设计的原则就是尽量让一次比较成为非关键比较,进而"逼迫"算法进行更多次比较才能找出中位数。根据这一对手策略,可以证明中位数选择问题的一个下界。

表 9-8　基于关键比较模型的对手策略设计

比较前元素的状态	对手的应对
N,N	使一个元素大于中位数,另一个元素小于中位数
(L,N)或(N,L)	N变成S(给状态为N的元素赋一个小于中位数的值)
(S,N)或(N,S)	N变成L(给状态为N的元素赋一个大于中位数的值)

定理9-4:中位数选择算法的下界是 $\frac{3}{2}n - \frac{3}{2}$(对于奇数n),即任意一个基于比较的选择算法,在最坏情况下至少要做 $\frac{3}{2}n - \frac{3}{2}$ 次比较才能选择出中位数。

证明只要涉及状态为N的元素的比较,对手都可以参照表9-8将它变成一次非关键比较。一次比较最多能消除2个状态为N的元素,所以对手可以迫使算法至少做 $\frac{n-1}{2}$ 次非关键比较。

为了确定中位数,必须做n-1次关键比较,以确定 $\frac{n-1}{2}$ 个元素比中位数小,且 $\frac{n-1}{2}$ 个元素比中位数大。所以上述两类比较的次数和 $\frac{n-1}{2} + n - 1 = \frac{3}{2}n - \frac{3}{2}$ 就是中位数选择问题的一个下界。

参考文献

[1]鲍鹏.计算机基础[M].重庆:重庆大学出版社,2018.

[2]曹大有,马斌.基于遗传算法的单源最短路径研究[J].汉江师范学院学报,2021,41(06):1-5.

[3]陈乾.基于随机分布式贪心算法的变量选择[D].上海:华东师范大学,2019.

[4]代祖华,周斌,龙玉晶,王宗泉.折扣{0-1}背包问题粒子群算法的贪婪修复策略探究[J/OL].计算机应用研究:1-7[2022-07-18].

[5]付冰,周作建,张维芯.贪心算法在智能导检中的应用研究[J].软件导刊,2022,21(01):136-140.

[6]葛显龙.智能算法及应用[M].成都:西南交通大学出版社,2017.09.

[7]郭红涛.典型计算机算法的分析 设计与实现[M].北京:中国水利水电出版社,2016.09.

[8]胡书丽.启发式搜索算法求解组合优化问题的研究[D].长春:东北师范大学,2019.

[9]姜国崧.基于启发式搜索策略的RNA空间结构预测[D].天津:天津工业大学,2019.

[10]姜武.演化算法在连续搜索空间上的时间复杂度分析[D].合肥:中国科学技术大学,2018.

[11]雷田颖,林子薇,何荣希.软件定义数据中心网络基于分支界限法的多路径路由算法[J].小型微型计算机系统,2018,39(08):1713-1718.

[12]李驰.快速排序算法优化策略[J].电脑知识与技术,2021,17(01):226-228.

[13]李海涛,邵泽东.基于头脑风暴优化算法与BP神经网络的海水水质评

价模型研究[J].应用海洋学学报,2020,39(01):57-62.

[14]李红,许强.数据结构与算法设计[M].合肥:中国科学技术大学出版社,2016.

[15]梁国茂,张天成,贺惜晨.通过路径优化提高介质击穿算法效率研究[J].中国新通信,2021,23(10):48-49.

[16]刘诚,孙远升,花军,贾娜.基于贪心算法及局部枚举策略的人造板排样方案研究[J].木材科学与技术,2021,35(06):55-61.

[17]刘鄩.基于矩阵变换的大数据隐私保护关键技术研究[D].郑州:战略支援部队信息工程大学,2020.

[18]刘丁榕.头脑风暴优化算法的时间复杂度分析与估算方法研究[D].广州:华南理工大学,2021.

[19]刘汉英.计算机算法[M].北京:冶金工业出版社,2020.04.

[20]刘洪波.计算机算法[M].大连:大连海事大学出版社,2020.11.

[21]刘璟.计算机算法引论 设计与分析技术[M].北京:科学出版社,2003.

[22]刘显德,于瑞芳,等.随机化快速选择算法时间复杂度研究[J].计算机与数字工程,2018,46(02):256-259+280.

[23]卢扬城,毛玉萃,关泽群.程序类竞赛中的动态规划算法探讨[J].电脑知识与技术,2021,17(21):93-96.

[24]邱福恩.人工智能算法创新可专利性问题探讨[J].人工智能,2020(04):47-55.

[25]邱莉榕,胥桂仙,翁彧.算法设计与优化[M].北京:中央民族大学出版社,2017.02.

[26]唐磊.凸包围多面体生成算法及应用[D].北京:清华大学,2015.

[27]唐友.数据结构与算法[M].哈尔滨:哈尔滨工业大学出版社,2019.

[28]王江艳.复杂数据的统计推断:时间序列、抽样和函数型数据[D].苏州:苏州大学,2016.

[29]王晓峰,于卓,赵健,曹泽轩.大规模图例的最大团问题算法分析[J].计算机工程,2022,48(06):182-192+199.

[30]徐保民,陈旭东,李春艳.计算机算法与实践教程[M].北京:清华大学出版社;北京交通大学出版社,2007.

[31]徐姿,张慧灵.非凸极小极大问题的优化算法与复杂度分析[J].运筹学

学报,2021,25(03):74-86.

[32]姚叶.人工智能算法可专利性研究[D].武汉:中南财经政法大学,2020.

[33]于欣.基于无锁方法的二叉搜索树算法研究[D].石家庄:河北科技大学,2019.

[34]余祥宣,崔国华,邹海明.计算机算法基础 第3版[M].武汉:华中科技大学出版社,2006.

[35]郁钱,常玉慧,朱广萍.算法分析中图示法教学设计的研究与实践[J].计算机教育,2022(04):150-154+158.

[36]张安珍,李建中.不确定图最小生成树算法[J].智能计算机与应用,2019,9(06):1-5+12.

[37]张超,胡振威.有流量需求和分品种容量限制的运输网络最大流算法[J].交通运输工程与信息学报,2017,15(03):121-127.

[38]张意.面向最短路径问题的三值光学计算机全并行矩阵算法研究[D].南昌:华东交通大学,2021.

[39]郑子君,王洪,余成.求解最长循环公共子序列问题的两个算法[J].计算机应用研究,2020,37(11):3334-3337+3358.

[40]周珂.计算机算法与实际应用微探——评《计算机算法设计与分析基础》[J].教育理论与实践,2022,42(03):65.